什么是食品科学与工程？

WHAT IS FOOD SCIENCE AND ENGINEERING?

朱蓓薇　主编

大连理工大学出版社
Dalian University of Technology Press

图书在版编目(CIP)数据

什么是食品科学与工程? / 朱蓓薇主编. -- 大连 :
大连理工大学出版社, 2021.9
ISBN 978-7-5685-3010-1

Ⅰ. ①什… Ⅱ. ①朱… Ⅲ. ①食品科学—普及读物②
食品工程—普及读物 Ⅳ. ①TS2-49

中国版本图书馆 CIP 数据核字(2021)第 074615 号

什么是食品科学与工程?
SHENME SHI SHIPIN KEXUE YU GONGCHENG?

出 版 人:苏克治
责任编辑:王晓历　孙兴乐
责任校对:贾如南　白　露
封面设计:奇景创意

出版发行:大连理工大学出版社
(地址:大连市软件园路 80 号,邮编:116023)
电　　话:0411-84708842(发行)
0411-84708943(邮购)　0411-84701466(传真)
邮　　箱:dutp@dutp.cn
网　　址:http://dutp.dlut.edu.cn

印　　刷:辽宁新华印务有限公司
幅面尺寸:139mm×210mm
印　　张:5.25
字　　数:84 千字
版　　次:2021 年 9 月第 1 版
印　　次:2021 年 9 月第 1 次印刷
书　　号:ISBN 978-7-5685-3010-1
定　　价:39.80 元

出版者序

高考，一年一季，如期而至，举国关注，牵动万家！这里面有莘莘学子的努力拼搏，万千父母的望子成龙，授业恩师的佳音静候。怎么报考，如何选择大学和专业？如愿，学爱结合；或者，带着疑惑，步入大学继续寻找答案。

大学由不同的学科聚合组成，并根据各个学科研究方向的差异，汇聚不同专业的学界英才，具有教书育人、科学研究、服务社会、文化传承等职能。当然，这项探索科学、挑战未知、启迪智慧的事业也期盼无数青年人的加入，吸引着社会各界的关注。

在我国，高中毕业生大都通过高考、双向选择，进入大学的不同专业学习，在校园里开阔眼界，增长知识，提

升能力，升华境界。而如何更好地了解大学，认识专业，明晰人生选择，是一个很现实的问题。

为此，我们在社会各界的大力支持下，延请一批由院士领衔、在知名大学工作多年的老师，与我们共同策划、组织编写了“走进大学”丛书。这些老师以科学的角度、专业的眼光、深入浅出的语言，系统化、全景式地阐释和解读了不同学科的学术内涵、专业特点，以及将来的发展方向和社会需求。希望能够以此帮助准备进入大学的同学，让他们满怀信心地再次起航，踏上新的、更高一级的求学之路。同时也为一向关心大学学科建设、关心高教事业发展的读者朋友搭建一个全面涉猎、深入了解的平台。

我们把“走进大学”丛书推荐给大家。

一是即将走进大学，但在专业选择上尚存困惑的高中生朋友。如何选择大学和专业从来都是热门话题，市场上、网络上的各种论述和信息，有些碎片化，有些鸡汤式，难免流于片面，甚至带有功利色彩，真正专业的介绍文字尚不多见。本丛书的作者来自高校一线，他们给出的专业画像具有权威性，可以更好地为大家服务。

二是已经进入大学学习，但对专业尚未形成系统认知的同学。大学的学习是从基础课开始，逐步转入专业基础课和专业课的。在此过程中，同学对所学专业将逐步加深认识，也可能会伴有一些疑惑甚至苦恼。目前很多大学开设了相关专业的导论课，一般需要一个学期完成，再加上面临的学业规划，例如考研、转专业、辅修某个专业等，都需要对相关专业既有宏观了解又有微观检视。本丛书便于系统地识读专业，有助于针对性更强地规划学习目标。

三是关心大学学科建设、专业发展的读者。他们也许是大学生朋友的亲朋好友，也许是由于某种原因错过心仪大学或者喜爱专业的中老年人。本丛书文风简朴，语言通俗，必将是大家系统了解大学各专业的一个好的选择。

坚持正确的出版导向，多出好的作品，尊重、引导和帮助读者是出版者义不容辞的责任。大连理工大学出版社在做好相关出版服务的基础上，努力拉近高校学者与读者间的距离，尤其在服务一流大学建设的征程中，我们深刻地认识到，大学出版社一定要组织优秀的作者队伍，用心打造培根铸魂、启智增慧的精品出版物，倾尽心力，

服务青年学子，服务社会。

“走进大学”丛书是一次大胆的尝试，也是一个有意义的起点。我们将不断努力，砥砺前行，为美好的明天真挚地付出。希望得到读者朋友的理解和支持。

谢谢大家！

2021 年春于大连

前　言

食品工业事关国计民生，肩负着满足民众营养需求的重任，同时也是建设健康中国、推动经济发展、增进人民福祉的重要一环。近年来，中国食品产业快速发展，食品监管力度和支撑保障能力稳步增强。中国食品工业发展一直在路上，从未停歇。

食品越来越成为一门大众熟知的学问，现代人时常被各种健康问题困扰，人们对于“饮食”“健康”“营养”“安全”这些关键词的关注度空前高涨。因此，学习食品科学与工程专业，有着天然的优势和责任。作为一个交叉学科，食品科学与工程专业的学习内容不仅涵盖食品原料、食品机械、食品加工、食品保藏等传统食品研究领域，也

涉及食品营养、食品卫生、食品运输、生产监控和质量标准、食品高新技术等现代食品科学技术领域。以化学和生物学为基础，融入食品物性学、食品化学、食品微生物学、食品工艺学、食品毒理学等。每个方向稍做有深度的探究，就会踏入其他学科的门槛。食品科学与工程专业与民生密切相关，因此使学习充满了未知和乐趣。

本书尽可能全面、深入浅出地用通俗生动的语言讲述食品科学与工程是什么、学什么和做什么，注重科普性、趣味性和可读性，通过历史文化故事和行业内实例展示食品领域的内涵、成就和发展。实际上，食品科学与工程专业包含甚广，目前下设十二个专业，致力于研究食品的营养健康、工艺设计与生产，是生命科学与工程科学的重要组成部分，是连接食品科学与工业工程的重要桥梁。食品行业是朝阳产业，在一代又一代食品人的不懈努力下，一步一个脚印，方向坚定，未来光明。

全书共分为七部分，分别为：食品，生命之源；食品科学与工程，生命科学与工程科学的桥梁；食品原料，食品的“基因”；发酵，改变食品的魔法；合理营养，吃出健康；民以食为天，食以安为先；特殊食品，是食品不是药品。第一部分由周大勇、李德阳、刘惠麟、刘潇阳、阴法文、刘玉欣编写；第二部分由董秀萍、启航、秦磊、潘锦锋、李胜杰、黄旭辉编写；第三部分由林松毅、孙娜、唐越、陈冬、鲍志杰、张思敏编写；第四部分由张素芳、宋爽、纪超凡、林心萍、梁会朋、艾春青、杨静峰编写；第五部分由胡蒋宁、夏效东、赵琪、闫春红、于翠平、秦宁波、任晓萌编写；第六部分由谭明乾、苏文涛、王海涛、宋玉昆、程沙沙、侯率编写；第七部分由杜明、徐献兵编写。全书由朱蓓薇和吴海涛负责统稿。

在编写本书的过程中，编者参阅了大量资料，由于篇幅所限，未将其来源一一列出，在此谨向相关作者表示诚挚的谢意。

本书涉及多个学科和众多应用领域，需要先“深入”才能做到“浅出”，因此编写难度相当大。尽管编写团队花费了大量心血，尽了最大努力，力求保证本书的质量，满足读者的需求，但限于编者的水平，书中难免存在不足之处，衷心希望广大读者和专家学者提出宝贵意见。

编　者

2021 年 9 月

目　录

食品，生命之源

五谷为养，五果为助，五畜为益，五菜为充。

——《黄帝内经》

▶▶食品，和你熟悉的食物有何区别？

食品和食物的区别

俗话说，民以食为天。我们每天都要吃食物，经常要购买食品，那么什么是食物？什么是食品呢？

食品与食物既有交叉，又有差异。相同之处在于“食”，也就是“可食用”。人们常常提到的“食物”，从字面上理解就是可食用的或经过简单加工后可食用的无毒、无害物质，它主要由蛋白质、脂肪、碳水化合物和水等营

养素构成。

食品是指各种供人食用或者饮用的成品和原料，以及按照传统既是食品又是中药材的物品，但是不包括以治疗为目的的物品。食品是人类经过一系列的加工行为制成的，流通于市场并且受国家相关法律法规监管的食物。同时其作为一种商品，必须符合卫生与安全性、营养和易消化性、食用方便性、贮藏流通性及质地等技术要求。人们的饮食文化因丰富多彩的食品世界而变得多元化。

此外，食品与我们常见的农产品、中药材之间有怎样的联系和区别呢？由食品边界结构(图 1)可以看出，农产品分类中的初级食用农产品、中药材分类中的药食同源产品(可食用药材)均属食品范畴。从产品定义上看，初级食用农产品泛指在各种农业生产活动中经过采集、提取或加工获得的，并且能够广泛供应于人们日常食用的各种植物、动物、微生物以及其他生物产品，包括粗加工与细加工、初级加工与精加工的各种食用农产品，如鸡禽畜蛋、牛奶和水产品等。但初级食用农产品也有它本身的特殊性，比如销售食品时要办理“食品经营许可证”，而销售食用农产品则不需要办理。药食同源产品是指既是食品又是中药材的物品，如麦芽、丁香、八角、茴香等。

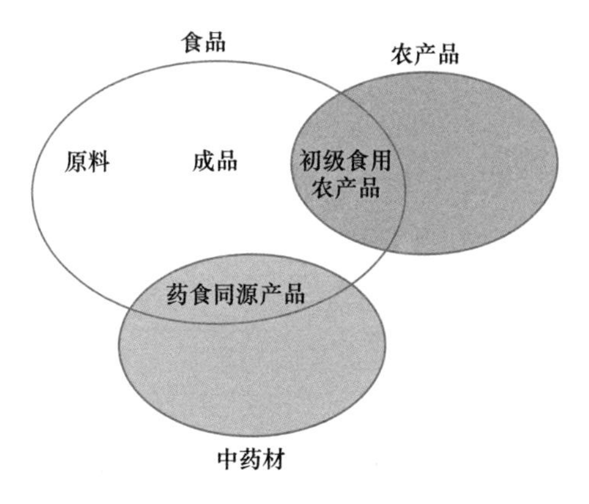

图1　食品边界结构

❖❖食品的分类

食品自古以来就是人体所需能量与各种营养素的主要来源，是人们赖以生存、繁衍的重要物质基础。食品的种类繁多，按主要来源和属性，大致可以划分为三类：动物性食品，如畜禽、鱼虾、鸡蛋、牛奶等；植物性食品，如粮食谷物、豆制品、薯类、果蔬、坚果等；各类食品制品，如糖、油、酒、罐头、糕点等。按照食品包装形式和用途可分为预包装食品（如瓶装饮品等）、散装食品（如熟食等）、裸装食品（如枣干等）、现制现售食品（如面包等）、食用农产品（如鸡蛋等）、特殊食品（如婴幼儿配方食品等）等。近年来，特殊食品受到人们的广泛关注。根据2018修正的

《中华人民共和国食品安全法》(发布文号:主席令第二十一号)和2019年施行的《中华人民共和国食品安全法实施条例》(发布文号:国务院令第721号)中的定义,常见的特殊食品包括婴幼儿配方食品、保健食品和特殊医学用途配方食品(简称特医食品)等。

❖❖食品的功能与特性

食品仅仅是为人提供营养成分以维持正常生命活动的吗?其实不然,食品还承载着更多的价值,具备多种特征属性。

食品的第一个功能是营养。它指的是食品能够为人体提供必要的营养素和能量,使其满足正常机能需求。无论是人们自己种植的蔬菜瓜果等食品,还是购买的各种食品,首要功能都是满足人们对各类营养素物质的需求,以保证人们身体健康。

食品的第二个功能是刺激感官。它指的是食品能满足我们每个人的不同喜好,即对食物色、香、味、形及质地等的要求。一般来讲,具有一定感官价值的食品才能充分调动起人们的味觉和嗅觉,刺激人们的味蕾,使人在饮食过程中产生想吃的欲望,同时还会刺激体内消化酶和消化液的分泌。在心理和生理的共同作用下,人体能够更好地消化和吸收食品中的营养物质，食品还能起到稳定情绪、保持心情愉悦的作用。

食品的第三个功能是保健。食品是由各种碳水化合物、脂肪、蛋白质、水、维生素、矿物质、膳食纤维等构成的多维度膳食营养体系，这些都保护着我们机体的健康，一个都不能少，但也不能摄入过量，否则可能影响身体健康。

食品的第四个功能是文化传承。不同民族、国度的区别在于语言、服饰的差异，还有就是饮食的差异。不管是妈妈做的饭菜，还是风俗街上的小吃，都代表着人类的饮食文化。除夕夜吃饺子，正月十五吃元宵，端午节吃粽子，中秋节吃月饼，感恩节吃火鸡……无论是国内还是国外，各种节日都与食品密不可分，甚至很多时候吃某一种食品已经成为一种特定节日的象征。

食品还应具有营养性（食品中所含的热能和营养素能满足人体营养需要）、可享受性（食品具有一定的可观赏性和悦人心情的特性）、安全性（食品应是无害、无毒、无任何副作用的食物）等特性。总之，只有生产出具有良好的营养性、可享受性、安全性的食品，才能使我国食品工业在国际经济大循环的激烈竞争中立于不败之地。

▶▶食品简史——从明火加热到现代加工

食品的发展历程要从人类学会使用明火开始讲起，因为有了明火，所以人类开始了最早的食物烹饪，发明并制造出了更多的工具，进而开始发展食品加工技术。工业革命催生并促进了食品工业的发展。现代化和信息化的推进，形成了食品工业体系。人类每一次前进的脚步都凝聚了人类智慧的力量，推动着食物的不断创新，才有了今天我们看到的食品。

✣✣明火的使用是人类伟大的技术革命之一

想象一下，在火被发现并使用之前，人类过着怎样的生活？应该与猩猩相似吧，会制造和使用简单的工具，与其他野兽抢夺食物资源，茹毛饮血，过着有上顿没下顿的生活。直到一百万年前，远古人发现并学会了如何去控制火，人类才真正地有别于其他生物，登上了食物链的顶端。人类学会使用明火后，有别于生食的野兽，进入了天天"烧烤"的时代。而此"烧烤"非彼烧烤，原始人类只是粗犷地将食物直接置于火中烧或放在火上烤，这便是最早的食品加工技术。当简单的"烧烤"无法满足人们对食物的追求时，人类便开发了花样繁多的明火烹饪方法。《诗经·小雅·瓠叶》中记载，"有兔斯首，炮之燔之""有兔斯首，燔之炙之”。燔，意为直接置于火上烧；炮，意为用烂泥等将肉包裹着进行烧制，形似现代的叫花鸡；炙，按照字形理解，是把肉串起来置于火上烤，形似现代的烧烤。因为发现并学会了利用火，人类开始了对食物的改造以及对烹饪技术的追求。

✣✣食物的富足促使人类开始发展食品加工技术

随着时间的推进，人类发明出各种各样的工具，养殖和种植不再是难题，不仅能吃饱，食物还有了富余。但新的问题出现了：如何才能使食物变得更好吃呢？怎样才能长时间贮藏这些富余的食物呢？各类食品加工技术便由此诞生了。在夏、商、周时期，人们使用陶和青铜制作器皿，发明了鼎、簋、甑等烹饪器具，掌握了蒸煮的技能，提高了食物的价值，但加工后的食物没有办法长期保存。古人为了将食物保存更久，首先学会了利用风的力量使食物自然干燥。公元前两千多年，中国和西方都出现了利用盐、糖和醋来腌制肉类和果蔬，以延长食物的储存期，现代泡菜和蜜饯仍保留着古人智慧的结晶。

在人类学习如何将食物储存更长时间的过程中，不得不提到的重要一环是自然发酵。当人类还不知道什么是微生物的时候，古埃及人就学会了使用天然的酵母发酵面团制作面包。同样也是自然发酵的力量，使原始人

类发现了果实能够酿成美酒。四千多年前，葡萄酒酿造便开始在两河流域和古埃及盛行了。

与葡萄酒不同，我国的古酒以谷物为原料酿造而成，类似于如今的黄酒。中国酿酒技术的快速发展是在商周时期，由于统治者爱好饮酒，因此带动了整个国家对酒的需求。古人利用酒曲发酵粮食来酿酒，为了让酒更好喝，在接下来的几百年中，人们不断改良酒曲制作技术，使用大麦、小麦、大米等不同原料，或在酒曲中添加中药材促进酵母菌繁殖，等等。到了唐宋时期，蒸馏酒这一新酒种诞生了，人们将蒸煮器皿“甑”改进后作为酿造蒸馏酒的工具。这种辛辣口感的酒，相比于温和的黄酒，更受国人欢迎。可以说，在古代，食品加工技术的发展还是以自然经济为主，人们自给自足，食品的生产规模较小，发展较缓慢。

✣✣产业革命带来了食品工业技术的快速发展

随着历史长河的不断推进，18世纪，又一次改写人类发展史的革命开始了。食品工业技术随着产业革命的到来有了非常大的进步，新的科学技术如火山熔岩般不断喷发。人口数量的逐渐增加和科学的不断进步，使得人类向往到未知的远方进行探索交流，再加上世界战争的爆发，如何能让食品方便储存和携带成为一个受关注的问题。1805年，一位法国人将肉装入玻璃瓶内，随后放到沸水中加热，最早的罐头便产生了。不久后，生产罐头的食品工厂建立了起来。从此，食品生产从小作坊式的自然经济模式过渡到了工业化模式。

罐藏食品技术解决了食品不易长期贮藏、不便携带的难题，但当时的罐头食品口感一般，营养价值不高，于是又出现了食品冷冻、冷藏技术，即通过冷冻、冷藏的方式更好地保持食品的营养价值，并在一定程度上保持了食品的色、香、味。

19世纪中叶，法国生物学家路易斯·巴斯德（Louis Pasteur）发现了微生物对食物腐败变质的影响，如果将食物中的微生物消灭，食物就可以储存更长时间。1862年，以他的名字命名的巴氏杀菌法就出现了。现如今，这一技术常用于牛奶杀菌，既不影响牛奶的口感，又能延长牛奶的保质期。不久之后，比巴氏杀菌法更先进的蒸汽压力杀菌法出现了，这项技术能更彻底地消灭罐头中的微生物，使罐头的保质期更长，促进了罐藏食品产业的发展。巴斯德不仅促进了杀菌技术的发展，还发现发酵是微生物作用的结果，彻底解答了从远古时期就有的发酵食品的产生关键问题。随后，德国科学家罗伯特·科赫（Robert Koch）在巴斯德的基础上发明了如何将单一的

微生物分离出来并进行培养的技术，为现代发酵与酿造工业奠定了夯实的理论基础。

食品工业技术的发展使得食品有了更长的保质期，就是这些不断涌现出的科学技术，如一块块砖石，将过去传统小规模的食品生产筑成了近代的食品工业。

❖❖人类更高的需求加速了现代食品工业体系的形成

20 世纪初，电力工业的进步为食品工业的快速发展注入了能量，现代化食品工厂的机械化程度越来越高。人们已不单纯满足于吃饱，还要吃得营养、健康，这就需要更先进的科学技术来实现。

传统热加工技术会影响食品的品质，为了让食品的营养成分保持得更好，色、香、味俱全，冷杀菌技术和低温干燥技术应运而生。冷杀菌技术常用于果蔬饮料的生产，例如，近几年深受消费者喜爱的非浓缩还原（NFC）果汁，未经过高温处理，品质更高。我们现在常见的冻干水果和蔬菜，则利用了低温干燥技术，直接将食物中的水分升华，使食物能够保持完整的形态与结构，既好看又好吃。

为了能够吃得更“纯粹”，单纯想获得食物中某种营养物质，又或者想去除食物中某些不想要的物质，该怎么办呢？超临界萃取技术和膜分离技术能够实现这一目标。还有一些特殊的营养物质，因为它们自身的特性，如不稳定性或口感不好等，所以无法直接添加到食品中。这时就可以利用微囊化技术，比如婴儿配方奶粉中具有极高营养价值的DHA，它很容易氧化消失，而使用微囊化技术，便能解决这一难题，使它在奶粉中更稳定地存在。

除了以上这些新型的食品加工技术之外，使用新型的食品包装材料也能够提高食品品质，阻隔外界环境的影响，延长食品的保质期。在如今信息化的时代背景下，消费者可以随时随地查询从食品的原料来源、生产、运输到销售过程的全部信息，人们吃得更安全、放心。

现代食品工业是将营养学、医学、生物技术、新材料、智能化控制与信息技术相结合的庞大产业。食品生产不再是一个工厂就能完成的，现代食品工业将产业链与供应链互相结合，并与人们的健康和安全紧密相连，形成一个巨大的体系。

在不远的将来，为了能够让我们赖以生存的地球可持续发展，食品工业发展的趋势可能就是对现有环境资源的保护和对新型食品资源及技术的开发。食品科学将与生物、物理、信息技术等其他学科的知识结合起来，例如利用生物技术合成出植物基的人造肉，可以减少由于

饲养动物而对环境造成的污染。利用3D打印技术,个性化地定制食物的营养组成,这种新型食品在满足人们健康需求的同时,还能减少生产所造成的能源浪费。因为加工技术的转变,食品工业也将向着更加智能化的方向发展。食品工业能够利用大数据和人工智能,最大限度地分配和利用生产资源,并根据消费者的喜好分析最新市场趋势,优化行业发展。未来的食品工业也将是能够走到人们身边,融入人们生活的可持续体系。

▶▶未来食品,颠覆你对食品的想象

现代食品工业已经极大地改变了人们的生活方式和饮食习惯,能够满足人们目前对食品的基本需求。然而,互联网技术的飞跃、人口老龄化的困境、资本市场的动荡等,种种变化倒逼食品工业必须以新的视角面对新的市场。未来"大食品"概念应运而生,人们对美好饮食的需求和食品行业"不平衡、不均衡"的矛盾,促使未来的食品工业呈现多种趋势:一体化融合,除食品行业之外,各产业链逐渐向纵向和横向等多元化发展,而食品行业除原有"产、购、储、加、销"一体化全产业经营之外,将会加强与旅游产业、文化产业和民生健康产业的融合,食品工业的内涵和情怀将更加深刻;食品空间"无边界",未来食品

工业将扩大国际领域合作，越来越多的食品企业愿意“走出去”，涉猎全球化食品产业链，结合互联网等电子商务平台，拓宽宣传和销售渠道；“领头羊”效应，食品企业将做宽做大，小型企业凝聚发展，集中监管，大型企业扛起领军大旗，行业集中度进一步提升；严密监管，党和政府将继续推进食品安全战略，法制建设进一步加快，形成食品安全社会共治格局，中国食品作为放心食品的国内外形象真正树立，消费信心显著增强；高新科技食品产业，在科技创新的驱使下，未来食品工业将继续扩大与科技的合作，食品领域科技创新将成为行业新的动力，“产、学、研”的合作将做到无缝连接。我国的食品工业已呈现新的发展姿态，围绕“大食品”的概念，任重而道远。

未来食品工业呈现多元化发展，除此之外，消费者已不仅仅满足于现有的食品形式，开始憧憬和探索具有颠覆意义的新形式食品——未来食品。未来食品源于现代食品工业，又要超出现代食品工业的理论范畴，结合新科学、新技术和新理念，在现代食品工业的基础上颠覆传统食品形式，开发出更有针对性、更营养、更便利和更健康的食品形式。

随着科技日新月异的发展，人类已不再担忧食物的短缺，不再担心粮食的供给，而是对未来的饮食产生无限

遐想。21 世纪，通过食品、生物及化学领域的科学家共同努力，人类的食物发生了翻天覆地的变化，传统动植物食品原料将不再是人类食物的唯一来源，新烹饪方式将更加人性化、个性化，食物营养结构更具有针对性和特殊性，一批色、香、味俱全的食品纷纷问世，各式各样的“未来食品”层出不穷，例如 3D 打印食品、人造食品、昆虫食品和分子食品等(图 2)。

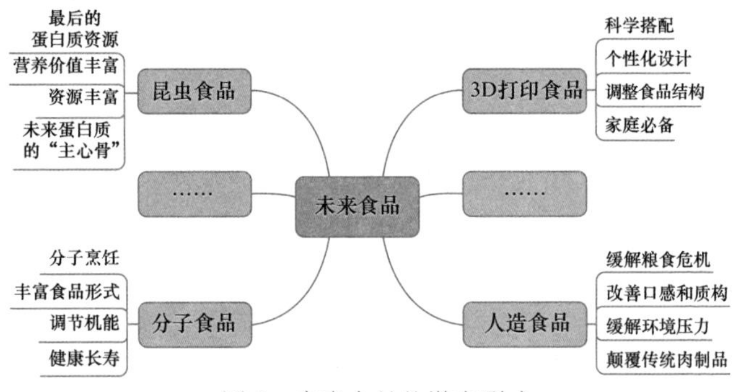

图 2　未来食品的潜在形式

✣✣3D 打印食品

食品 3D 打印技术是将 3D 打印技术引入食品营养领域，将水、蛋白质、脂肪、碳水化合物、微生物和矿物质等人体必需的营养素，按照科学比例和搭配打印成美味可口、形状特别、营养均衡且方便食用的食品的一种技术。食品 3D 打印技术打破了依赖于传统模具制造的理念，把食品形状的设计交由消费者完成，能够充分满足消费者的个性化需求。例如，利用3D打印技术赋予巧克力独特的形状和口感，代表着每一个人对爱情的憧憬；利用3D打印技术改良肉制品，根据消费人群的年龄和身体特质等因素，提高优质蛋白质和功能油脂的含量（适合我国国民）；调整膳食纤维结构，降低饱和脂肪酸摄入量（适合肥胖人群），同时可以改变肉制品的质构和风味，吸引更多消费者。随着技术的发展和成熟，可能在未来的某天，食品3D打印技术会出现在每一个家庭中，它会像洗衣机、电饭煲、冰箱等家用电器一样，成为满足消费者对食品各项特征的个性需求的、必不可少的“家庭成员”之一。

✣✣人造食品

“人造肉”是人造食品的代表形式之一，能够缓解全球肉类食品的供应危机，实现肉类食品的可持续发展。在全球“人造肉”研究和开发热潮中，主要有两条技术途径：一是用植物（大豆、豌豆）的蛋白质、脂肪等几种物质“拼”出“素肉”（植物肉）；二是从动物体内提取干细胞，在生物反应器中培育，通过分裂分化的方式得到“肉”，即用动物细胞“种”出肉。目前，市场上销售的“人造肉”产品主要是以植物为基础的肉类（植物肉），具有类似动物肉的肌纤维结构、质地和口感。“人造肉”技术是革命性的，

它颠覆了传统肉制品的概念，既能保持传统肉制品的口感，又能避免传统肉制品对健康造成的威胁（高脂肪、高热量摄入），还能缓解由畜牧业引起的动物疾病、自然资源的消耗以及温室气体的排放问题。“人造肉”理念承载着人们对新食品形式的渴望，对未来食品的期望，对未来“舌尖上的美食”的无限遐想。

✣✣昆虫食品

昆虫食品含有的脂肪、糖类、维生素和矿物质等人体必需营养素的含量和种类都可以与其他食品原料相媲美。地球上的昆虫资源比肉制品资源丰富，是天然的、可持续供应的蛋白质资源宝库。当前，全球以昆虫为食品原料的产品可谓琳琅满目，例如，蜜蜂巧克力、油炸蚂蚱、糖水蚕、昆虫蜜饯和昆虫罐头等，味道鲜美，受人青睐。21 世纪的主导食品是功能性食品，科学家甚至可以将昆虫作为功能性食品成分的来源，利用科学技术手段，将昆虫独特的营养成分提取出来，制作成昆虫饮料产品和保健食品。随着昆虫养殖科学的日益精进，人们在“昆虫工厂”定向培养和繁殖食品昆虫，完善昆虫食品的制作工艺，提高昆虫蛋白质的利用率，消除对昆虫食品的抵触。也许在未来的某一天，昆虫食品会成为人类的主要蛋白质资源之一。

✣✣分子食品

分子食品是建立在“分子烹饪法”基础上的一种新理念食品，需要食品专家、物理学家和化学家共同参与，根据不同食品原料分子间的相互联系进行烹饪加工，找到更能维系人类饮食营养均衡，使食物的搭配更科学，更能满足人体各项需要的一种新的食品形式。分子食品可以将传统可食用的食品原料、生物合成物以及生物生成物，通过科学技术手段和工程工艺改良，变成以分子形式为主的分子级食品原料，以不同消费者人群的生理特点、年龄和健康情况为理论参考，生产出具有分子色彩的食品。俗话说“人吃五谷杂粮，哪能不生病”，分子食品的设计理念就是要打破这种枷锁，将“分子烹饪法”带入家庭的饮食中，针对家庭各个成员的身体情况，料理出独特且有针对性的“分子菜品”，丰富家庭菜单，突破所谓的“一日三餐”，使分子食品以最便捷、最快速的方式被人体吸收、利用，与药品融为一体，带给人类一种“无疾病”的状态，使人类保持正常的生长发育和良好的健康状态。

▶▶食品科学与工程专业的发展

✣✣人才是食品工业发展的第一资源

从“食物”到“食品”，从“明火加热”到“现代加工”，再到

对“未来食品”的勾勒，食品工业已成为造福百姓、保障健康、引领各国国内生产总值(GDP)走向的国民经济支柱产业。

由于食品工业的发展核心是科技创新和技术进步，而人才则是科技的载体，是技术的发明者，因此专业型人才培养是食品工业发展的重中之重。食品工业的每一次突破，都离不开科学家的突出贡献。例如，康奈尔大学的罗伯特·斯莫克(Robert Smock)发明了气调保鲜技术，可以有效延长果蔬及其制品的保质期。而亨利·霍尔斯曼(Henry Holsman)和林德利·波茨(Lindley Potts)则发明了无菌包装技术，为全球食品贸易带来了突破性变革。由此可见，食品工业的发展需要专业人才的支持，更离不开食品科学与工程专业的强有力支撑。

✣✣食品科学类高校的发展历程

食品科学学科是一个综合性强、理论与实际应用结合紧密的交叉学科，是关系到人类生存与发展的重要学科。在美国，食品科学专业因涉及农产品种植、保藏、加工等研究，在专业设置上属于农学。在我国，根据学科分类，食品科学与工程属于国家一级学科，隶属于工学门类。食品科学与工程学科是连接食品科学和工业工程的重要桥梁，主要研究食品的营养健康、加工贮藏、安全卫生、工艺设计、社会生产等。

在人类文明的发展长河中，曾经一段时间内，食品教育只是作为农业教育的点缀。公元前1046年，从“六艺”之学到四大教育方向，“农艺”技校虽然开设了蚕学、桑学等面向生产的科目，但在食品制作技艺方面，缺少正规的学校教育，通常以“祖传秘方”“学徒”等形式流传。而1902年创办的中央大学农产与制造学科及1912年创办的原吴淞水产学校水产制造科，被认为是我国食品专业的雏形。直至1927年，在蔡元培等教育先驱的提议下，政府开始将一部分农业技校并入大学，并更名为农学院。此时，食品科学在高等教育中方才崭露头角。我国在1952年的第一次院系调整中，将浙江大学、武汉大学、原南京大学、复旦大学和私立江南大学等学校的食品和农业化学等系合并为南京工学院食品工业系[无锡轻工业学院(现江南大学)]。发展至1958年，拥有食品专业的高校已增至4所，分别为无锡轻工业学院(现江南大学)、大连轻工业学院(现大连工业大学)、天津轻工学院(现天津科技大学)和北京轻工学院(现陕西科技大学)。1998年，国家教育委员会审议确定，由“食品科学与工程”专业覆盖“农(畜、水)产品贮藏与加工”专业。发展至20世纪后半叶，随着食品生产技术的发展，产生了对高级技术员、工艺工程师等人才的需求，培养技术类人才的职业教

育水平逐步达到研究生层次(图 3)。

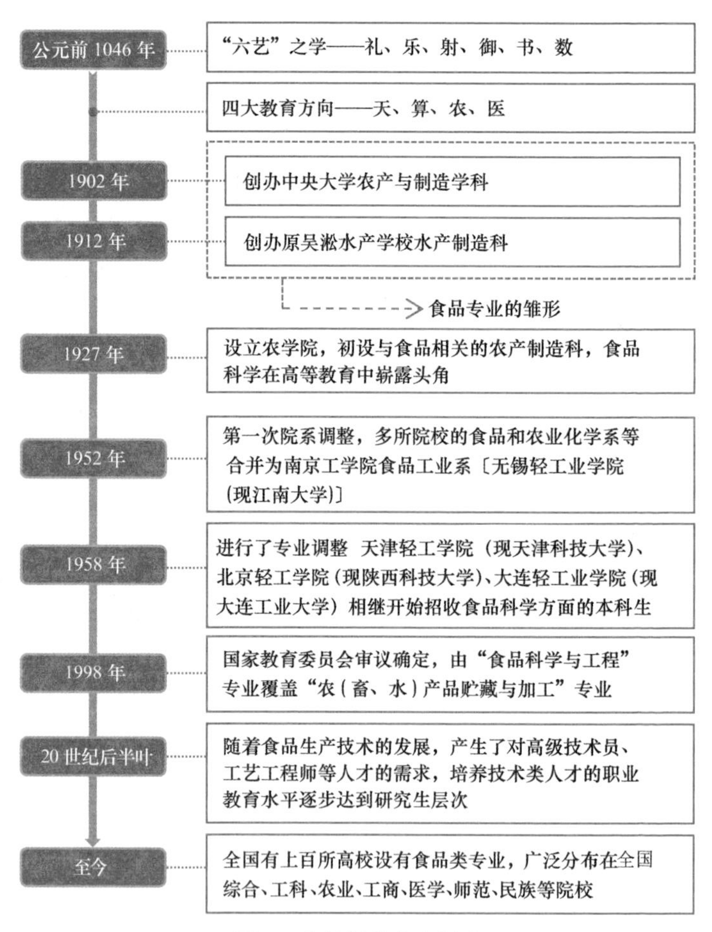

图 3　食品学科的发展史

全国有上百所高校设有食品类专业，广泛分布在全国综合、工科、农业、工商、医学、师范、民族等院校。

✣✣食品科学与工程类专业的发展方向

随着全球经济发展和科学技术的进步，世界食品工业取得了长足的发展，其与食品专业人才的培养密切相关，更与食品科学与工程类专业的发展紧密结合。在美国，参考康奈尔大学食品科学与技术（Food Science and Technology）专业的细分方向，可将食品科学专业细分为食品科学（Food Science）、食品化学（Food Chemistry）、食品微生物学（Food Microbiology）、食品工程（Food Engineering）、乳制品科学（Dairy Science）、食品废弃物处理技术（Food Processing Waste Technology）、国际食品科学（International Food Science）、感官评估（Sensory Evaluation）、葡萄酒酿造学（Enology）。在我国，1998 年，《普通高等学校本科专业目录（1998 年版）》将食品类专业划入轻工纺织食品类，具体又划分为食品科学与工程、农产品储运与加工教育（部分）、食品工艺教育、食品质量与安全、农产品质量与安全、粮食工程、乳品工程、酿酒工程共 8 个专业（二级学科）；2012 年，《普通高等学校本科专业目录（2012 年版）》将食品科学与工程类专业（一级学科）划分为食品科学与工程、食品质量与安全、粮食工程、

乳品工程、酿酒工程共5个专业（二级学科）；2020年，《普通高等学校本科专业目录（2020年版）》将食品科学与工程类专业（一级学科）划分为食品科学与工程、食品质量与安全、粮食工程、乳品工程、酿酒工程、葡萄与葡萄酒工程、食品营养与检验教育、烹饪与营养教育、食品安全与检测、食品营养与健康、食用菌科学与工程、白酒酿造工程共12个专业（二级学科）。2021年，《普通高等学校本科专业目录（2021年修订版）》中对食品科学与工程类专业无改动。如图4所示。

《普通高等学校本科专业目录（1998年版）》	8个专业（二级学科）：食品科学与工程、农产品储运与加工教育（部分）、食品工艺教育、食品质量与安全、农产品质量与安全、粮食工程、乳品工程酿酒工程。（将食品类专业划入轻工纺织食品类）
《普通高等学校本科专业目录（2012年版）》	5个专业（二级学科）：食品科学与工程、食品质量与安全、粮食工程、乳品工程、酿酒工程。
《普通高等学校本科专业目录（2020年版）》	12个专业（二级学科）：食品科学与工程、食品质量与安全、粮食工程、乳品工程、酿酒工程、葡萄与葡萄酒工程、食品营养与检验教育、烹饪与营养教育、食品安全与检测、食品营养与健康、食用菌科学与工程、白酒酿造工程。
《普通高等学校本科专业目录(2021年修订版)》	本次修订食品科学与工程类无改动

图4　食品科学与工程类专业二级学科设置的发展历程

随着学科的精细化及交叉化，2020年发布的《普通高等学校本科专业目录（2020年版）》中，较之前新增设了如下专业：葡萄与葡萄酒工程、食品营养与检验教育、烹饪与营养教育、食品安全与检测、食品营养与健康、食用菌科学与工程、白酒酿造工程。其中，近几年新增设的专业情况如下：

食品安全与检测专业——2016年增设，2017年首次招生，旨在培养食品安全与检测行业应用型管理人才，开设院校为上海师范大学、汕头大学、西安文理学院、新疆理工学院等。

食品营养与健康专业——2019年增设，2020年首次招生，紧扣"健康中国"战略，旨在助力保障"人类健康"，开设院校为北京农业大学、北京工商大学、西北农林科技大学、天津科技大学、河南农业大学、福建农林大学、闽南师范大学、烟台南山学院、浙江万里学院、江西师范大学、肇庆学院、成都医学院、黑龙江八一农垦大学、滇西应用技术大学等。

食用菌科学与工程专业——2019年增设，2020年首次招生，旨在培养服务于食用菌科学研究、产业发展的高端人才，开设院校为山西农业大学等。

白酒酿造工程专业——2019 年增设,2020 年首次招生,旨在培养掌握白酒酿造、品评、勾兑、酒质检测的高素质人才,满足中国白酒文化和产品走向世界的需要,开设院校为茅台学院等。

从二级学科划分史可以看出,食品科学与工程类专业发展有以下特点:学科设置越来越精细化,与社会需求紧密相连,旨在为社会提供专业型人才;学科发展越来越具特色,通过与地方特色经济相结合,突破高校在教学模式、专业设置、人才培养目标、组织结构等方面的同质化;通过学科交叉,促进食品科学与工程学科特色的多元化发展。

食品科学与工程，生命科学与工程科学的桥梁

起自农耕，终于醯醢，资生之业，靡不毕书。

——贾思勰

▶▶食品，从农田到商超的秘密

➡➡食品原料

“巧妇难为无米之炊。”食品原料是食品生产的前提，是食品工业活动的对象，食品原料决定了食品设计方案、加工方案。食品科学首先应该了解食品原料。

✣✣食品原料的分类

食品原料丰富多彩，每天我们都摄入不同的食品，从

蔬菜、水果、肉、鱼、蛋、乳等获得营养、风味、口感的特殊感受，那么食品原料该怎样分类呢？食品原料按来源可分为植物性食品原料和动物性食品原料。植物性食品原料主要包括粮食原料、植物油料、果蔬原料、坚果、植物源调料和药食同源的植物性原料等。动物性食品原料主要包括畜肉类、禽肉类、鱼贝类、蛋类和乳类。按生产方式主要分为农产品原料、畜产品原料、水产品原料和林产品原料。农产品原料是指在土地上对农作物进行栽培，收获得到的食物原料；畜产品原料是指在陆地上饲养、养殖、放养的各种动物所得到的食物原料；水产品原料是指在江河湖海中捕捞的和人工水产养殖得到的食物原料；林产品原料是指取自林木的食物原料。

✣✣食品原料的性质差别

食品原料的地域分布广泛、种类繁多和生产方式多样等特点，决定了食品原料的性质变化万千，主要体现在食品原料形态结构、理化特性、营养成分、贮藏保鲜和加工特性上。同是肌肉食品，牛肉组织肌纤维较粗，质构较硬，往往需要通过排酸嫩化实现肌肉组织的部分降解才能获得良好的使用特性；鸡肉组织肌纤维相对较短，嫩度高，不需要特殊的嫩化措施；鱼肉组织肌纤维很短，导致质构非常细腻，肉质很嫩，它不需要嫩化措施，而需要保护肌肉组织不被降解和破坏，以保证完整良好的质构。

✣✣食品原料性质决定加工方式

食品原料所含的营养成分千差万别，组织结构变化多端，赋予了不同食品特殊的感官特性、物理特性和化学特性，使其能够满足我们对食品颜色、形态、营养、风味的个性化需求。食品工业和膳食中食品原料的正确选用和加工，对提高食品原料价值具有重要意义。因此，对食品原料性质的深刻理解有助于食品配方设计、工艺设计、质量控制和新产品开发。以鱼类为例，同为金枪鱼，蓝鳍金枪鱼因质构鲜嫩，n-3 多不饱和脂肪酸含量高，颜色鲜红，多用于制作高端生鱼片，而鲣鱼则因质构坚硬而被用于制作鱼罐头；阿拉斯加鳕鱼肌肉色白，凝胶性能好，多被用于制作鱼糜制品，而沙丁鱼因脂肪含量高且暗红肉比例高和刺多而常被用于制作鱼罐头。

➡➡食品的工业化技术——食品工业的核心秘密

丰富的食品原料给人类提供了生产多样化现代食品的可能，将数量巨大、性质千差万别的食品原料高效地转化为品质稳定的各类食品，无疑是一项复杂而艰巨的任务。现代食品工业化技术能担此大任！

✣✣食品工业化技术的角色

“民以食为天。”随着人口增长和生活节奏加快，如何满足食品数量和质量的需求是人类面临的重大难题，其破解关键在于食品工业化技术。从青青牧场的牛羊到超市冷柜中晶莹剔透的牛羊肉片或是浓缩在精美小罐中的牛肉干，从海洋深处的金枪鱼到小小罐头中的油浸鱼肉块或料理店餐桌上鲜嫩的生鱼片，从深埋土下的马铃薯到清脆可口的薯片，从葡萄园里成串的果实到玻璃杯中醇香的葡萄酒，食品原料需要经历特殊的转化过程，才能完成从原料到食品的蜕变，也才能拥有从农田、海洋走向商超、餐桌的合格证，而帮助它们完成这种转化的秘密武器正是食品工业化技术。

✣✣食品工业化技术的特点

食品工业是一个高度关联的产业，涉及农业、林业、牧业、渔业、加工制造业、包装业、流通业等诸多产业，涉及面广，产业链长，因此食品的生产制造技术是各类工业技术的集合。从采收开始，食品原料就需要完备的工业化技术对其进行分级、清洗、包装、储运，以保证原料的品质、适加工性、安全性等；进入加工工厂后，食品原料将经历一系列食品工业化加工技术的洗礼，通过破碎、提取、分离、制冷、干燥、浓缩、包埋、发酵、灌装、杀菌等食品工程操作单元的层层锤炼。在经历以上食品工业化技术的塑造后，食品原料完成了从原料到产品的蜕变，它们将在运输车辆中保持恒定温度、湿度，被运输到城市的各个角落，完成由产品到商品的最后蜕变。

✣✣食品工业化技术的应用

让我们通过了解冷鲜牛排和鱼糜制品的生产过程来更好地理解食品工业化技术的魔力。牛群被运到屠宰场后会通过可追溯技术打上标签。为了保证牛的舒适度，也为了保证肉品的品质，现代屠宰场需要对宰前的牛进行安抚，然后采用二氧化碳窒息或者电击技术实现快速致晕，减少动物的痛苦。这一过程需要严格的工业化屠宰线才能完成。牛经真空放血后，进行清洗、褪毛，再进行精细分割，而分割过程需要遵守标准化的分割策略，以便消费者能够获得特定品质的肌肉组织，这一过程需要智能化的分割流水线来完成。在此过程中，兽医检验检疫人员须对牛的内脏和组织进行检查，以保证肉品的卫生与安全。分割后的肉会进入 4 ℃空间保存一段时间进行低温嫩化，让肉排酸、嫩化，形成更好的质构与风味。当嫩化后的冷鲜肉在超市分割出售时，肉片是被包装在一个充满气体的盒子里的，呈鲜红色，显得格外新鲜，这正是气调包装技术赋予肌红蛋白的神奇变化。如果再仔

细观察，我们还会发现包装上有一串特殊字符，这是用来保证肉品安全性的可追溯代码。牛肉加工的典型流程如图 5 所示。

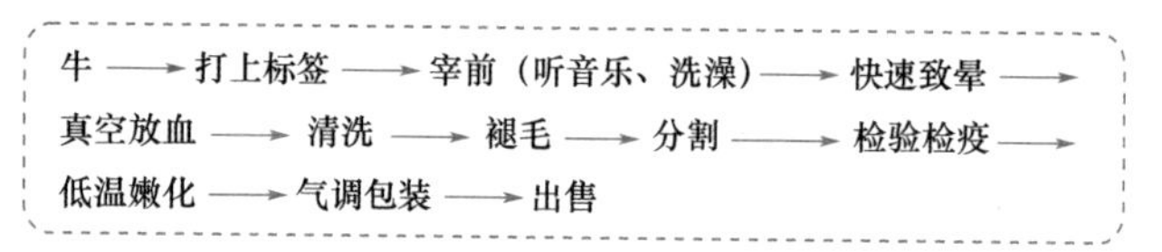

图 5 典型的牛肉加工过程

火锅中富有弹性的鱼豆腐、鱼丸如何从一条鱼演变成形态各异的凝胶类食品呢？首先，鱼肉的分割和处理要在低温车间内进行，以保证鱼蛋白质不变性。鱼体通过采肉机转变为碎鱼肉，去除鱼皮、鱼骨；采集到的鱼肉通过低温盐水漂洗去除各类妨碍凝胶特性的酶、脂肪等物质，再经过螺旋挤压脱水；向脱水后相对洁净的碎鱼肉中添加蔗糖、山梨糖醇等抗冻剂，通过斩拌机斩拌均匀，再经速冻机速冻，得到货架期长达两年的冷冻鱼糜，冷冻鱼糜加工工艺流程如图 6 所示。鱼豆腐和鱼丸等鱼糜制品就是以鱼糜为原料制得的富有弹性的凝胶类食品。鱼糜制品的加工过程实质上是鱼肉肌原纤维蛋白的热变性聚集和凝胶化过程。冷冻鱼糜通过擂溃或斩拌后，选择不同的成型、调味、油炸、蒸煮等工艺，加工后即可获得形态与风味各异、鲜香可口的鱼糜制品。

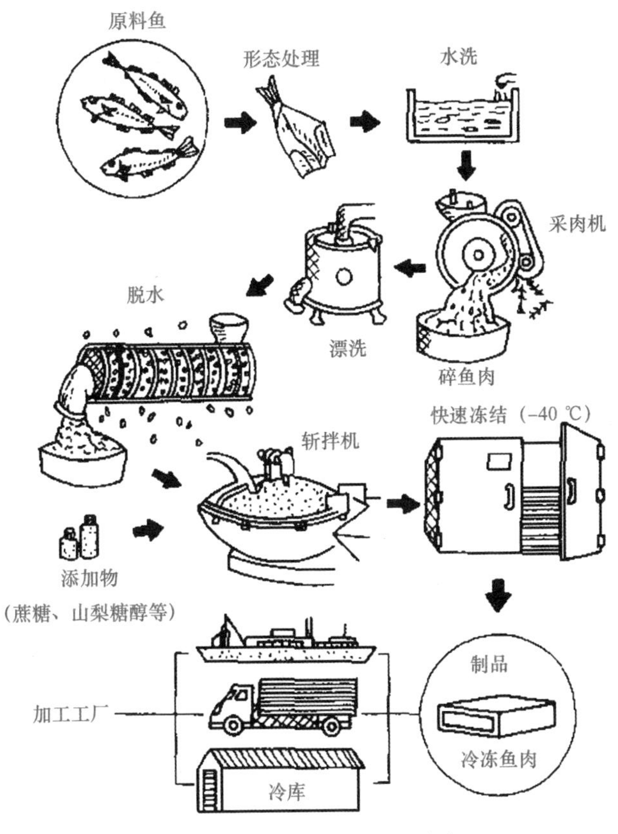

图 6　冷冻鱼糜加工工艺流程

▶▶食品里的生命科学

20 世纪是物理科学的世纪，而 21 世纪是生命科学的

世纪。随着2019年12月新型冠状病毒肺炎疫情的爆发，每个人都切身体会到了病毒的恐怖和生命的脆弱。核酸检测、灭活疫苗和mRNA疫苗等，生命科学能够帮助人类了解生命的运行机制，为解决生理疾病、心理疾病、老龄化等诸多挑战提供有效的办法。在很多人看来，食品科学与生命科学二者毫不相关，其实不然。食品科学与生命科学，二者紧密相关，食品从生产到销售的整个过程中处处蕴含着生命科学的奥秘，我们可以运用生命科学领域的知识和理论来指导食品的加工。

➡➡食品里的营养学

营养学作为生命科学的一个分支，是研究食物、膳食与人体健康关系的科学，而满足人民健康需求、预防和管理膳食相关慢性病，则是未来营养科学发展的重点。为此，中共中央、国务院发布了《“健康中国2030”规划纲要》，国务院办公厅印发了《国民营养计划（2017—2030年）》。食品营养学已逐渐发展成为食品科学与工程专业的核心主干课程，重点介绍食品营养学的基础理论及相关的实用知识，例如营养学基础知识、各类食品的营养价值、不同人群对食品营养的具体要求，提高人民营养水平的途径、食品贮藏加工和新型食品开发中的营养问题等。

✣✣多糖与新型冠状病毒

2019年12月以来，全球各地陆续爆发了由新型冠状病毒（2019-nCoV）引起的新型冠状病毒肺炎（COVID-19）疫情。新型冠状病毒传播速度快，感染率极高，给人类生命健康带来巨大威胁，严重阻碍全球经济发展。全球各国科学家都在积极寻找能有效防治新型冠状病毒的特效药物。大连工业大学朱蓓薇院士团队以海洋硫酸化多糖作为抗击新型冠状病毒的突破口，与海军军医大学（第二军医大学）、中国科学院、西北大学等单位展开密切合作，经过联合攻关筛选得到具有显著抗新冠病毒活性的多糖。这几种对新型冠状病毒具有抑制活性的多糖主要来自我们熟悉的海参和藻类原料，这些原料也是重要的食物以及食品加工原料。

✣✣钠与高血压

2020年，我国高血压患病率为23.2%，而且处于上升趋势，在以每年1 000万人的速度不断增长。科学研究已证实，过高的钠摄入量与高血压患病率的升高密切相关。中国营养学会建议成年人盐摄入量不高于每天6克。然而，调查显示我国居民盐日摄入量远远高于这一推荐阈值，我国北方居民人均盐摄入量达每天11.2克，南方居民人均摄入量为每天10.2克，其中超过80%的钠摄入来自

烹饪过程中添加的盐。在发达国家，人大部分的钠摄入量(约70%)来自加工食品，其中20%来自肉制品，如培根、火腿、香肠等。因此，食品加工企业正积极借助食品加工理论和相关技术开发新型低盐产品，在满足人们口感的同时降低盐的摄入量。

➡➡食品里的生物学

✣✣人造肉与细胞培养

由于环境与气候、动物福利、食品安全以及疫情防控等方面的压力，全世界畜牧肉类生产正面临巨大挑战。因此，大规模生产“廉价”动物蛋白质是不可持续的，而“人造肉”则有希望成为肉类替代品，具有巨大的商业价值。细胞培养肉是一种最接近真实肉的人造肉，细胞培养肉是指利用细胞培养工程和组织工程等技术，在体外培养动物肌肉组织作为食用材料。2013年，荷兰人马克·波斯特(Mark Post)组织了世界首个细胞培养牛肉汉堡公开试吃活动并公布了技术细节。2019年年底，中国第一块细胞培养肉在南京诞生。然而，细胞培养肉距离真正被端上人们的餐桌还有诸多问题需要解决，其中如何低成本实现细胞的快速增长繁殖应求助于生物技术，而如何使细胞培养肉在口感和风味上更加接近真实肉则应借助食品加工技术，二者相辅相成，缺一不可。

✣✣食品制造与微生物

虽然微生物会使食物发霉和变质，甚至还可能引发一些疾病，但是微生物在食品制造领域也发挥着巨大作用。与微生物相关的食品在人们的日常饮食中随处可见，如酒、酸奶、酱油、醋、味精等(图 7)。在这些食品的制造过程中，微生物发酵对于其关键品质的形成起到了至关重要的作用。微生物发酵是在适宜的条件下利用微生物将原料经过特定的代谢途径转化为人类所需要的产物的过程。微生物的种类不同，产生代谢产物的能力就会不同，所以利用不同的微生物就可以生产出人们所需要的多种产物。如今微生物发酵技术在食品加工行业发挥着巨大作用。食品在发酵过程中会形成一个微生物循环系统，在微生物的繁殖转化下，食品的结构和风味均可能被改变，进而得到发酵食品。

图 7　常见的发酵食品

➡➡食品领域的生物化学

食品领域的生物化学主要涉及食品生物物料的化学组成、性质、功能及其在人体内和食品加工过程中的化学变化规律，系统介绍各种生物大分子（蛋白质、核酸、酶）的结构与功能、生物氧化、物质代谢及其调节（糖类、脂肪、氨基酸、核苷酸代谢及其他物质代谢的联系与调节）、食品色素和风味物质的相关知识。谷氨酰胺转氨酶（TG 酶）及其参与的反应是食品中生物化学的典型代表，是食品酶类的明星。

TG 酶可催化蛋白质或多肽发生分子内和分子间的共价交联，从而改善蛋白质或多肽的结构和功能，进而改善食品的风味、口感、质地和外观等。因此，TG 酶可广泛应用于猪肉、鱼肉、牛肉等肉丸，碎肉重组、鱼糜制品、火腿肠、烤肠等肠类，蛋白素肉类，面条、面包等烘焙产品，千叶豆腐、奶酪等领域。如图 8 所示，在重组肉的加工过程中，肌肉蛋白质分子间经 TG 酶的催化形成致密的三维网状结构，从而将小块碎肉黏结起来，达到重组的目的。

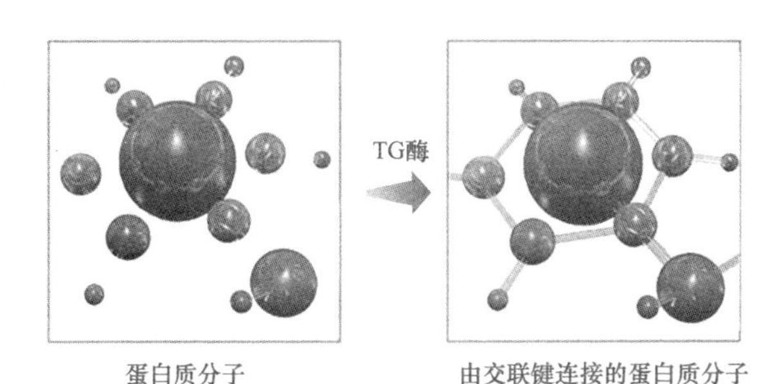

图 8　TG 酶的作用机理

▶▶食品里的工程科学

当我们拿起一个食品时，如一瓶牛奶，或许觉得它只是一种简单的食物，其实从外在包装到内在食物，它从来都不简单。常说人不可貌相，食品同样不可貌相，每一种食品里均蕴含了许多科学知识，是科学家智慧的结晶。那么，食品里都蕴含了哪些工程科学原理呢？这样一个小小的食品里，可能蕴含着大道理，接下来由我们一一揭开。

➡➡原料输送——食品加工的快递员

食品原料输送给食品加工带来了便捷，节省了许多耗费体力的搬运工作，也进一步促进了食品加工的连续性。食品原料输送按照类型可以分为液体输送、气流输

送和固体输送。不同类型的物料输送所使用的输送设备存在差异,所涉及的科学知识也不同。

✣✣液体输送

在饮料、牛奶、果汁等食品加工中常需要将液体原料进行运输,但料液的性质不同,如从黏度低的水、油到黏度高的巧克力浆等,导致了料液的输送十分复杂。如何有效控制不同类型食品物料的流动速度、输送量、输送过程的卫生等是食品工程研究人员不停探索的问题。其中,泵是液体输送的核心部件,通过泵的结构设计和材料选择,不断提高液体输送设备的工作效率和卫生安全。

✣✣气流输送

在食品加工过程中输送小颗粒固体物料或粉状物料的时候通常会采用气流输送。它是在输送管道中借助高速流动的空气使粉状物料在气流中悬浮输送,并且可以在输送时对物料进行加热、冷却、干燥等加工,避免物料受潮、污损或混入杂物。

✣✣固体输送

食品厂中的各种固体物料主要通过机械方法进行输送,常见的输送设备有带式运输机、斗式升运机、螺旋输送机。针对不同的物料,我们应该选择不同的输送设备,例如鱼、肉等块状物料我们可以选择带式运输机,腌制的果干等潮湿的散粒物料我们可以选择螺旋输送机。水产品加工前处理的多功能拣选分级传送装置，可根据水产品的重量、体积进行分级筛选。

➡➡杀菌灭菌——食品加工的安全卫士

人类的食品原料主要来源于农产品、畜产品、水产品，这些食物一般都不稳定，特别是含水量高的水果、蔬菜、鱼类及肉类，在贮藏、运输、加工过程中易腐坏，而微生物正是引起食品变质的元凶之一。杀菌是食品工业中最常见的控制食品微生物的方法，主要分为热杀菌和冷杀菌两类。

✣✣热杀菌

热杀菌是最古老的杀菌方法，自人类懂得利用火以来，就开始利用热杀菌。微生物和人一样，都有一定的生长温度，当温度超过它们的最高生长温度时，它们就会渐渐死亡。宋代庄绰曾写道："纵细民在路上，亦必饮煎水。"说明宋代百姓便已有烧水杀菌防病的常识。经过一代代科学家的不懈努力，对热杀菌理论、热杀菌方法和热杀菌设备进行了大量的研究，使热杀菌技术在食品加工中应用广泛。理想的热杀菌是指在保证杀灭微生物的前提下，最大限度地保持食品的色、香、味、营养和组织形态。目前，最常见的食品热杀菌方式有超高压杀菌、超高

温瞬时杀菌、巴氏杀菌等。

✣✣冷杀菌

日常生活中，许多食品如蔬菜、水果等中的营养成分可能对热十分敏感，因此它们并不适合热杀菌，而须采用其他杀菌方式，如放射线杀菌、紫外线杀菌等。在不加热的情况下将微生物杀灭，统称为冷杀菌。目前，常用的冷杀菌方式有电离辐射杀菌、紫外线杀菌和化学药物杀菌。目前水产品和肉制品加工厂中常用的是智能化化学消毒杀菌装置。

➡➡食品包装——食品加工的化妆师与防火墙

从食品加工完成到储运和零售，食品包装一直贯穿着食品的始末。它就像衣服一样，既可以保护食品的品质，防止污染，又可以使食品显得美观、大方。选择食品包装形式就像我们挑衣服一样，合适十分重要。食品包装材料主要包括纸类包装、塑料包装、金属包装、玻璃及陶瓷包装等。

✣✣纸类包装

纸是一种古老的包装材料，来源丰富，价格低廉，容易制造，可大批量生产，适应性广，成型性好，制作灵活，品种广泛，印刷性好，便于商品装饰。在包装时，纸类包装制品具有良好的机械适应性，质量轻，缓冲性能好，卫生安全性好，同时纸类包装还能回收利用，有助于环境保护。

❖❖塑料包装

塑料包装材料的广泛应用是现代包装技术发展和进步的重要标志，用于食品包装可方便操作、储运、销售和消费。良好的物理性能和化学性能可以使塑料包装满足大部分食品的热杀菌和冷杀菌要求，备受食品加工企业的青睐。塑料包装具有质量轻、封合性好、阻隔性强、材料稳定性好且易着色、易印刷等特点。在食品加工过程中，借用包装材料的特性，我们能够很好地将食品的形态在包装中保留并展现在消费者眼前。水产品加工中的预制模真空包装机，既有效地保护了食品，又将食品的特征直观地展现出来。

❖❖金属包装

金属包装同样具有悠久的历史，马口铁罐已有170多年的历史。金属包装具有高强度、高阻隔性及优异的美观装饰性等优点，为饮料、罐头类食品提供了安全、可靠、价格低廉的包装形式。目前，食品企业常用的金属包装材料有铁和铝两种，通常制作成桶或罐等刚性容器，或制作成复合材料软包装及半刚性容器。常见的有鱼罐

头、肉酱罐头等。

✣✣玻璃及陶瓷包装

玻璃和陶瓷主要用来做食品包装用的瓶子、罐子。玻璃包装容器不透气且卫生，可高温杀菌也可低温贮藏。但是玻璃及陶瓷容器质量大、易破碎，很大程度上限制了它们的使用和发展。

➡➡低温贮藏——食品加工的不老术

人类利用低温条件来保藏食品的历史悠久，1 000 多年前，我国劳动人民已经开始利用天然冰雪来贮藏食品，但冷冻食品则起源于 19 世纪上半叶冷冻机的发明。21 世纪以来，制冷装置的突破，使食品的低温贮藏技术取得了突飞猛进的进步。目前，速冻技术在食品加工中广泛应用，大体上可分为果蔬类冷冻技术、水产品类冷冻技术、肉禽蛋类冷冻技术和方便食品类冷冻技术。其中，水产品类冷冻技术可分为冷却保鲜和冷冻保鲜。

✣✣冷却保鲜

冷却保鲜是指通过将水产品的温度降低到接近液汁的冰点，使水产品保持新鲜。通常有冰冷却法和冷海水冷却法。冰冷却法将温度控制在 0～3 ℃，能够保持水产品新鲜度 7～12 天。冷海水冷却法将温度控制在－1～0 ℃，能够保持水产品新鲜度 9～12 天。

✣✣冷冻保鲜

新鲜水产品冷冻前须进行分类，将由于捕捞导致损伤的水产品和部分已腐坏的水产品挑拣出来，再对须冷冻的水产品用 3～4 ℃的冷水进行清洗。常用的冷冻方式有送风冻结、盐水浸渍和平板冻结。目前我国常用的是送风冻结，冻结时将冻结温度降至－20 ℃，最后使冷冻水产品的中心温度保持在－18 ～－15 ℃。

▶▶食品的“钱学森弹道”——食品科学与工程

食品科学与工程学科是现代食品工业发展的基础，其技术进步已成为现代食品工业发展的强大动力。从世界范围看，食品工业已成为促进国民经济发展的重要支柱产业。食品工业的发展渴求用当代食品科技知识武装起来的技术人员和管理人员。我国最早建立的 4 所轻工业院校包括天津轻工业学院(现天津科技大学)、大连轻工业学院(现大连工业大学)、无锡轻工业学院（现江南大学)和北京轻工业学院(现陕西科技大学)，均设有食品科学与工程专业。目前，全国有近上百所本科高校开设食品科学与工程专业，包括中国农业大学、江南大学、大连工业大学、南昌大学、南京农业大学、华南理工大学、华中农业大学、天津科技大学、东北农业大学、西北农林科技

大学等，以满足食品工业对于人才数量和质量的不断增长的需求。

食品科学与工程有机结合了基础科学和工程科学的原理，实现了食品科学技术的快速进步，持续为食品产业发展输送创新型人才，在发现创新知识、开发创新技术、转化创新成果方面提供有力的支撑，并引导了食品产业的可持续发展。

➡➡食品科学与工程专业的内涵

食品科学与工程专业的内涵不断发展，从最初局限于食品材料性质、加工和卫生问题，发展到包括食品材料生产、处理、加工、运输、销售以及最终消费等各个方面，涉及学科知识创新、人才培养和社会服务等。随着产品范围的不断扩大，食品学科与其他学科交叉程度越来越大，与医学、计算机科学、社会科学和环境科学等关联度越来越高，学科内涵和外延也处于不断变化中。未来的发展主要集中在以下方面：食品科学理论；食品生产工艺过程技术；食品资源、种类和新产品的开发；食品质量与监督保障；食品流通和营销；食品与环境的关系。

✣✣食品科学理论

食品科学是以数学、物理学、化学、生物学和食品工程为基础的应用基础学科，基础理论研究包括食品的化学变化、食品的物理性质变化、食品的生物化学变化、微生物对食品品质的影响、食品的营养与卫生、食品的质量与安全等。研究领域涉及食品化学、食品毒理学、食品物理性质、食品微生物学、食品营养与卫生和食品分析检验等方面。

❖❖食品生产工艺过程技术

食品生产工艺过程技术包括传统手工制作和现代加工技术。现代食品加工是由食品工业来完成的，其工程技术一直是食品科学与工程研究的重要领域，主要学科包括新型食品机械及加工装备、食品工程原理、食品工艺学、食品加工工程和食品添加剂等，涉及工学和理学，如化工原理、高分子材料学、计算机技术、流体力学、机械电子、电工学、应用数学等。食品的生产、加工新技术在食品生产中的应用具有重要的意义，也是现代食品科学的重点研究课题。速冻技术、冻干技术、辐照技术、气调技术、涂膜技术、微胶囊技术、超临界流体萃取技术的研究、开发、应用和改进，为食品科学与工程提供了无限的发展空间。遗传工程、克隆技术和其他生物技术的迅速发展及其在食品生产中的应用，为生产满足消费者多种需求的未来食品提供了可能。

✣✣食品资源、种类和新产品的开发

随着世界人口的急剧增长，传统的食品资源已逐渐不能满足需要，开发新的食品资源和种类已成为食品科学与工程研究热点之一。随着科技的飞速发展和新产品开发速度的加快，各种新型食品不断出现，例如方便食品、休闲食品、保健食品、快餐食品等已在传统的原料食品和加工食品中占有一席之地。目前很多食品科学家致力于开发新型食品，不断改善食品工艺、配方、包装等，以满足人类不断增长的物质需要。

✣✣食品质量与监督保障

食品质量关系到消费者的健康与安全，一直是现代食品科学的研究中心，食品质量的构成与变化则是重中之重。食品的卫生、营养、感官和各种附加质量，食品质量变化的生物学规律、热力学规律和动力学规律，变化的控制和品质保持是食品科学关注的重点。同时，为保证食品在生产、加工、包装、贮藏、运输和消费等各个环节的质量和安全，食品科学与工程专业还研究相关的质量标准和有关的法律，以建立一个完善、合理、科学的食品标准体系和法律体系，维护消费者和生产者的合法权益，促进食品科技的进步、食品生产的健康发展和食品市场的繁荣。

❖❖食品流通和营销

食品从生产到销售要经过一系列的流通环节，其中对食品质量影响最大的是食品的贮藏与运输，因此现代食品科学与工程要研究食品贮藏与运输的诸多方面，包括食品贮藏原理、食品在流通中的损失、食品流通的技术手段与方法措施、食品在流通中的品质保持等。食品往往通过各式各样的市场和经营方式到达消费者的手中，因此适当的食品营销手段对提升食品销售有重要作用。现代食品科学与工程研究各类食品市场、供销渠道、食品广告和促销手段，重点研究食品在销售过程中的质量损失以及维持其品质应采取的措施。

❖❖食品与环境的关系

食品与环境的相互作用是食品科学研究的重要课题，包括两种情况：由于食物原料生长环境（包括植物性食物原料赖以生存的土壤、水源和大气，畜、禽、鱼等动物性食物原料生产前的生活环境、饲料和加工、流通过程等）受到污染，影响食品原料的安全；食物生产、加工、流通、消费过程对环境所造成的污染。因此现代食品科学与工程关注相关问题，确保食品与环境的协调发展；研究和探索保障食品安全的技术手段，逐渐实行食品溯源管理制度；完善食品供应组织体系，根据“从农田到餐桌”的全过程管理的要求，完善生产和加工方式。

➡➡食品科学与工程专业人才培养与就业方向

食品科学与工程专业主要学习食品原料、食品营养与卫生、食品工艺设计与生产、食品加工与保藏等方面的基本理论和基本知识。培养具有高度的社会责任感，良好的科学、文化素养，具有创新意识、实践能力、工程认知能力、团队合作与沟通能力，能够在食品科学与工程及相关领域从事科学研究、技术开发、工程设计、生产营销管理等工作的高级应用型专门人才。

食品科学与工程专业的核心课程有食品生物化学、食品微生物学、食品化学、食品营养学、食品工程原理、食品工厂设计、食品工艺学、食品分析、食品安全学、食品机械与设备等，主要学习和掌握食品科学与工程基础知识、基本理论和基本技能。

食品产业是国民经济的支柱产业和保障民生的基础产业。目前我国的食品产业极具发展潜力并保持快速稳定增长，因此食品行业急需掌握食品科学和工程领域知识和技能的高素质人才。食品科学与工程专业就业前景广阔，可从事食品或相关产品的科学研究、技术开发、工程设计、生产管理、品质控制、产品销售、检验检疫、教育教学等工作。

食品原料，食品的"基因"

食者，圣人之所宝也。

——墨子

▶▶食品的"密码"——食品的原料特性

工业是人类社会进步的重要标志，是指对各种原材料进行加工的社会物质生产部门。食品工业泛指将农产品、畜产品和水产品等各种原料加工成食品的工业。有了工业就有了原料的概念，即把尚待加工的物料称为原料。随着食品加工技术的进步，食品工业规模及产品市场覆盖面的扩大，以及对食品品质管理要求的提高，食品原料的研究范围也拓展到食品原料的生产、流通领域，同时对于食物的选择不仅要考虑营养、风味，还要考虑生产

这种食物的效率和对资源环境、对生态可持续发展的影响。

对食品原料性质的认识不仅是养身之道，更是设计食品加工工艺、保证食品质量及开发新食品的科学依据。原料本身的特点及差异性也决定着不同的加工方式，例如，番茄、胡萝卜、柑橘等果蔬原料具有易腐性、季节性和区域性特点，其加工性也与其采摘时间、成熟度和采摘后的处理方法有关。粮谷原料中富含大量的蛋白质和淀粉，在我国居民的膳食中，有60%～70%的热能和约60%的蛋白质来自粮谷原料；制作面包用的面粉必须有数量多且质量好的蛋白质，一般面粉的蛋白质含量超过12%；制作饼干用的面粉恰恰相反，蛋白质含量在10%以下才可生产出光滑明亮且酥而脆的薄酥饼干。素有"山珍"之称的菌类因其具有特殊的鲜味而深受广大消费者喜爱，而在鲜味的背后，菌类的干制工艺能够使得其中的鲜味物质被快速地释放出来，因此，干香菇的香味和鲜味都远远超过鲜香菇。

总的来说，随着社会的进步、科技的发展，人们对食品原料的加工逐渐精细化和多样化，因此对食品原料的品质特点、生长特点、营养特征需进行更深入的研究，以达到对食品原料知识正确理解的目的，使食品原料的贮藏、加工等操作更加科学合理,以便最大限度地利用食物资源,满足人们对饮食生活的需求。

▶▶不仅仅是主食——粮食工程

俗话说"民以食为天",在人类漫长的发展历史中,至少利用了3 000余种可食用植物。约一万年前,人类开始在大地上耕耘。据考证,人类首先栽培的主要是谷类作物,以及一些小豆类和根茎类作物,其中大部分属于当今粮食作物的范畴。正是这些最原始、最基本的作物促使了农业、农耕文明的起源和兴起,同时保证了人类的生存与发展。

中国是世界农业的起源中心之一。水稻最早就是在中国被驯化的,《史记》中记载大禹时期曾广泛种植水稻。如今,水稻也是世界上最重要的粮食作物,被种植在除南极洲外的所有大陆,为世界三分之一以上的人口提供主要食物。在夏、商、西周时期,中国的粮食品种有黍、稷、稻、小麦、大麦、菽、麻等七种。在《诗经・小雅》中,农作物的排列顺序是:黍、稷、稻。当时人们称社为地神,稷为谷神,二者结合称为社稷,社稷因而成了国家的代名词,足可见粮食的重要性。自唐、宋以后,水稻在全国粮食供应中的地位日益提高,占十分之七。当时东方人主要吃

稻米，西方人以小麦为主食，中亚地区产大麦，另外一些条件艰苦的地方有小米和黑麦，而美洲大陆是玉米的天下。

伴随工业文明的出现，在农业科技推动下，粮食作物产量大幅度攀升，主食发展呈现多样化。如面包及其衍生品比萨、汉堡、三明治等，马铃薯及其衍生品土豆泥、土豆饼或者薯片等，米制品不再局限于“饭”和“粥”，还发展出肠粉、河粉、年糕等米衍生品。小麦制品的主要形式为馒头、面条和烧饼等。我国传统主食地域化特征明显，总体呈“南米北面”，但也随时代变迁发展，走向融合和交流。

随着时代的进步、现代科学技术的发展，主食加工业发展迅速，超高压、真空和面、波纹辊压延等高新技术广泛应用于主食加工业，主食产品实现了规格化和工业化生产，知名企业和名牌产品不断涌现，工业化主食逐渐走上大众餐桌。粮食是安天下、稳民心的战略产业。党的十九大报告明确指出，“确保国家粮食安全，把中国人的饭碗牢牢端在自己手中”。

➡➡粮食原料概述

粮食原料主要包括谷类(稻米、小麦、玉米、大麦、燕麦、粟、高粱和荞麦等)、豆类(蚕豆、豌豆、赤豆和绿豆等)、薯类(甘薯、马铃薯、豆薯和木薯等)。粮食原料的主要营养成分是以淀粉为主的碳水化合物,此外还含有蛋白质、脂肪、矿物质、维生素等,是为人体提供热量的主要食品原料,其中还含有很多具有独特性质的功能性活性物质,可以根据它们的理化特性来加工生产不同的产品。

➡➡粮食原料的多样性及产品差异化发展

粮食原料种类丰富,可大致分为谷类、豆类、薯类三类。不同种类的原料既有营养价值高、富含维生素与矿物质等共性,又有其各自的营养特点。如谷类食物主要包括米、面、杂粮及其制品,是我国传统膳食的主体。坚持以谷类为主,增加全谷物摄入,不仅可以控制体重,而且可以降低糖尿病、心血管疾病等与膳食相关的慢性病的发病风险。豆类有着非常高的营养价值,是植物性食品中唯一能和动物性食品相媲美的食物。薯类是目前我国食品工业中提取淀粉的重要原料之一。薯类蛋白质可以作为天然食品添加剂在食品工业中发挥重要的作用。

粮食可以作为原料进一步加工为米制品、面制品、玉米制品、饲料、饮料、啤酒等(图 9)。近年来,人们对营养均衡有了更高的需求,对杂粮(燕麦等)、豆类(绿豆等)、

薯类（马铃薯等）的需求量也日渐提高，形成了粗细并重的饮食结构。不同的粮食有其各自的特性，因此，应有针对性地选择合适的生产方式，推进不同原料的工业化生产。

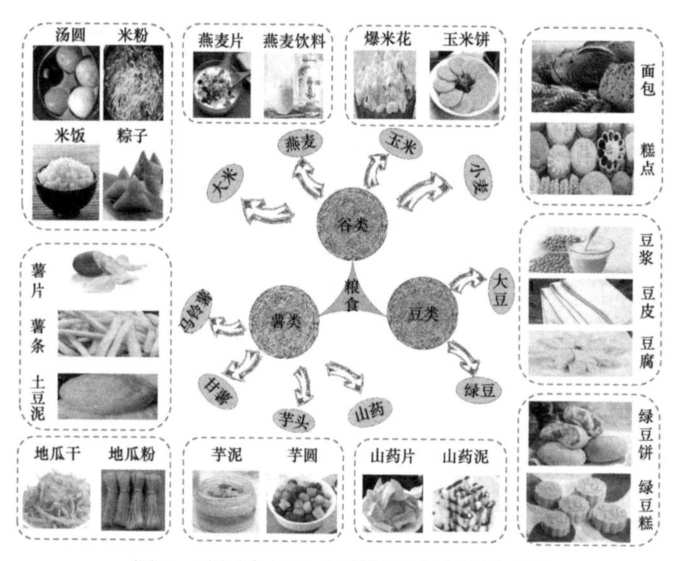

图9　我国常见粮食原料对应的多样产品

❖❖谷类

早在2004年，联合国就提出了“稻米就是生命”的口号，希望通过发展水稻生产和加工，解决世界粮食安全问题，消除贫困和维持社会稳定。大米是我国最主要的口粮，关乎国家粮食安全。大米不仅是我国餐桌上最常见的主食之一，也可以作为原料通过工业化生产成为米粉、汤圆、粽子、米纸、米谷粉、米香粉等。此外，直链淀粉的含量是衡量稻米蒸煮食味品质的重要指标，可以调整淀粉的含量，生产出不同糯性、硬度的米制品。

小麦是昔日古地中海诸文明中最重要的谷类作物。全世界栽植的小麦约有90％是六倍体面包小麦，其余大半是硬粒小麦，用于制作西式面食。如今，小麦最常用于工业化面包、面食以及各种糕点生产。

大麦是古代的主要谷物粮食，年代比稻米更久远。大麦最早的食用形式为大麦粥。如今，大麦逐渐变为次要食品，更多地应用于动物饲料生产，三分之一用来制成麦芽。我国燕麦资源丰富，其富含人体所需的膳食纤维，可以用于生产燕麦片、燕麦饮料、酸奶配料等。

玉米是全世界第三大粮食作物，仅次于小麦和稻米。玉米可以用于制备玉米粉、玉米谷粉等，并与其他风味配料混合，生产出多种烘焙、油炸食品。此外，玉米也可以批量加工为爆米花、玉米饼、玉米粽和玉米片等。

✣✣豆类

豆类包括各种豆科栽培植物的可食种子，即大豆和红豆、绿豆、豌豆、蚕豆等各种富含淀粉的杂豆，前者属于可以替代动物性食品的蛋白质类食物，后者则因为富含

淀粉而被纳入杂粮范畴，可以作为主食的一部分。由于豆类及其制品是膳食中优质植物蛋白质的主要来源，因此它们在东方膳食中具有特殊的重要意义。

以大豆为原料可制备出不同种类的产品，如豆浆、豆皮、豆腐、豆芽等，大豆的脂肪含量为15%～20%，可用来生产豆油。由于大豆中含有多种抗营养因素，如蛋白酶抑制剂、凝集素、胀气因子、植酸等，因此大豆消化吸收率只有65%，而经过水泡、磨浆、发芽等加工过程所生产的各种豆制品，可以除去有害成分，使蛋白质结构由密集变成疏松，蛋白酶更容易进入分子内部，从而明显提高消化吸收率（豆浆的消化吸收率为85%，豆腐为92%～96%）。

绿豆可以用于生产绿豆芽，也可用于制作休闲、解暑食品，如绿豆糕、绿豆饼、绿豆汤、绿豆雪糕等。黑豆可用来磨粉做成黑豆油皮、黑豆腐竹，也可添加到饮品（如豆奶、酸奶）中，还可以烘焙糕点、面包。红豆又称红小豆，可以制成蜜饯或者糖渍装饰点心，如今，红豆更广泛地应用于豆沙馅的糕点中。

❖❖薯类

薯类是指各种含淀粉的根茎类食品，包括马铃薯、甘薯、芋头、山药、木薯等品种。马铃薯是仅次于小麦、稻米、玉米的世界第四大主要粮食作物。马铃薯是粮蔬兼用的重要作物，是欧美国家居民的重要主食之一。我国马铃薯加工产品主要有马铃薯片、马铃薯条、马铃薯全粉、马铃薯泥、马铃薯淀粉及其制品（粉条、粉丝、粉皮）和马铃薯变性淀粉等。同时，马铃薯也可制作成速冻食品、饮料等其他产品。甘薯又称红薯、地瓜，深受人们的喜爱。甘薯是含糖量较高的食物，烘烤后香甜可口，又具饱腹感，也可作为主食之一。目前，根据甘薯的高糖、高膳食纤维等特性，可以将其制成地瓜粉、地瓜干、红薯面条、果脯、饴糖等产品。

不同粮食原料可以加工成不同的产品。只有了解不同原料的理化特性，才能采用更好的加工方式来最大限度地保留其营养物质，确保更高的机体消化吸收率。这其中所涉及的理论基础和技术手段则需要专业人才来掌握。

➡➡粮食工程专业人才培养与就业方向

粮食工程专业是培养从事粮食生产技术管理、粮油产品加工、粮食工程规划管理等工作的高级技术应用型专门人才的专业。目前国内开设该专业的高校主要有沈阳农业大学、吉林农业大学、东北农业大学、江苏科技大学、青岛农业大学、武汉轻工大学、云南农业大学、黑龙江

八一农垦大学、河南工业大学、沈阳师范大学、吉林工商学院等。

粮食工程专业的主要课程有粮食生产技术、粮食产品加工、粮食贮藏、粮食运输、粮食市场营销、粮油加工工艺、粮油机械与设备、淀粉工艺学、植物蛋白工艺学、粮油及其制品检验、油脂制取与加工、粮油副产物综合利用等。

粮食工程专业主要学习粮食化学、化工原理、粮食工程和油脂、蛋白质工程等方面的基本理论和基本知识，系统进行粮食工程、淀粉和油脂、蛋白质工程等方面的实验技能、工程实践、科学研究与工程设计方法的基本训练，培养对粮油产品的生产、管理、工程设计、科研与开发的基本能力。

在大力发展现代农业的前提下，要确保国家粮食产量及安全，把中国人的饭碗牢牢端在自己手中。因此，粮食工程专业关乎民生大计，国家十分看重该专业的人才培养，其就业前景广阔，可从事粮食生产、储运、加工、销售领域的技术与管理工作。

▶▶一杯牛奶强壮一个民族——乳品工程

英国前首相丘吉尔曾经讲过："牛奶可以振兴一个民

族，没有什么比向孩子们提供牛奶更为重要。”牛奶已成为一个国家“富国强民”战略的重要组成部分。一个国家的繁荣昌盛最根本的决定因素是人，而对于建设健康中国来说，最基础且最重要的是国民的身体素质。为了保证良好的身体素质，牛奶这种被誉为人类最理想的食品，也就理所当然地成为强民、强国战略的重要组成部分。

➡➡乳品发展的历史沿革

人类出生后吃下的第一口食物就是乳，乳是新生儿降生初期最主要的营养物质来源。人类将喝母乳的生物天性延伸为喝其他动物乳的饮食习惯可推至约一万年前。人类祖先最早从事乳业时，就以牛奶、羊奶作为重要的食物来源。从古巴比伦一座神庙中的壁画上，人们发现了迄今为止关于人类获取和饮用牛奶的最早历史记录。我国饲养奶畜、食用乳和乳制品的历史悠久，挤奶食用在我国北方和南方少数民族地区已有五千多年的历史。

随着乳业技术的日益纯熟及产乳量的增加，人类祖先发明了浓缩和保存营养的新方法，发展出了各式各样的乳制品。例如：将乳搅拌形成奶油；自然变酸凝结成酸奶；固态新鲜凝乳加盐处理成可长期保存的乳酪；发酵制

成马奶酒；等等。

19世纪工业化的发展使乳制品的生产发生了重大变革。随着挤奶、乳油分离和搅乳器的发明，乳制品由全部在农场里完成生产逐渐转变为工厂化量产。1856年，法国化学家路易斯·巴斯德发明了巴氏杀菌法，这种方法既可以杀死牛奶中的有害细菌，又能最大限度地保留牛奶中的有益成分和味道，大大延长了牛奶的保存期限，被人们沿用至今。随着生物学的新发现，人们也开始使用微生物来制造乳酪和其他发酵食物。

随着工艺的不断改进和技术革新，乳业不断发展，已衍生出数种大型产业，乳及乳制品从宝贵的资源变成了普通的商品，在人们饮食中占据着越来越重要的地位。

➡➡乳品原料的多样性及产品差异化发展

原料乳种类多样，按照哺乳动物的来源划分，包括牛乳、羊乳、骆驼乳、驴乳、马乳等。不同来源的原料乳有各自的营养特点，如牛乳的蛋白质为完全蛋白质；驴乳、马乳同人乳一样属于乳清蛋白型乳类，易被人体吸收；而羊乳、骆驼乳则属于酪蛋白型乳类，不易被人体吸收；驴乳是人体必需脂肪酸的最佳来源之一。在原料乳中，牛乳是人类利用最多的动物乳，占乳制品消费量的95%。近年来，随着人们营养和健康意识的提高，除牛乳和人乳以外，其他哺乳动物乳的营养价值也受到了人们的关注。

乳制品的形态多种多样，按照我国食品工业标准体系，可将乳制品划分为液体乳类、乳粉类、干酪类、乳脂类、炼乳类、乳冰激凌类和其他乳制品类(图 10)。目前，我国乳制品终端消费市场形成了以液体乳制品为主、配方乳粉为辅的结构。液体乳制品占 87%的消费量，配方乳粉占 11%，其他品类占 2%。其中，液体乳制品主要是青少年及成年人消费；出于营养配比、便携性和食品安全等方面的考虑，婴幼儿主要消费配方奶粉；其他乳制品衍生产品，如兼具营养、休闲双重属性的冰激凌，以调节肠道菌群为功效的乳酸菌饮料等也备受消费者的青睐。

图 10　乳制品的分类

根据国际乳品联合会（IDF）的定义，液体乳是巴氏杀菌乳、灭菌乳和酸乳三类乳制品的总称。巴氏杀菌乳和灭菌乳由于生产工艺有所区别，其产品口味、保质期和消费市场有较为明显的差异。巴氏杀菌乳采用低温长时或高温短时杀菌的方式，须低温储存，保质期相对较短，运输距离也较短，但是产品风味较为浓郁和独特；灭菌乳则采用超高温瞬时灭菌的方式，可常温储存，保质期相对较长，适于长距离运输，因此消费市场更为多元化。根据国际牧场联盟（IFCN）统计，在除了英国之外的西欧地区，灭菌乳的需求较为主流，比利时、法国和西班牙的牛奶消费中灭菌乳占比超过 90%；英国、北美部分国家、日本和澳大利亚的消费者则对巴氏杀菌乳的需求较大，灭菌乳的占比均低于 15%。对于中国乳业市场而言，常温产品在行业全面增长发展阶段更符合产业趋势。基于中国消费者的饮食习惯、中国冷链物流的发展情况、中国奶源分布特点以及终端零售网点的基础设施情况等因素，灭菌乳更符合中国消费者对乳制品的需求，一直是消费较为广泛的乳制品，而且未来较长一段时间内，我国仍将以发展灭菌乳为主。

相对于液态乳，乳粉更便于保存和运输，而且可在加工过程中通过添加营养成分以满足不同人群的营养需求，如婴幼儿乳粉添加牛初乳素、DHA、钙、铁等成分，学生乳粉添加DHA、维生素D等成分，孕妇乳粉添加叶酸、铁等成分，中老年乳粉添加钙、铁、维生素A、维生素D、膳食纤维等成分，运动员乳粉添加钙、无机盐、乳清蛋白、碳水化合物等成分（图11）。我国食品安全国家标准要求，婴幼儿配方乳粉中乳清蛋白的含量应大于或等于60%，但是乳清蛋白在牛奶中的含量仅为0.7%，因此婴幼儿配方乳粉生产中须添加乳清蛋白。乳清蛋白粉是利用制造奶酪或奶酪素的副产品乳清为原料干燥制成的，然而我国人均奶酪消费量仅为0.1千克每年，国内奶酪产量仅为3万吨每年，因此我国乳清蛋白粉的产量很低，基本依赖进口，这也是我国婴幼儿配方乳粉产业的"卡脖子"问题。目前，政府和乳品企业正在采取措施增加国内奶酪的产量和消费量，这不仅有助于提升奶酪生产的副产品乳清蛋白的国内产量，还有助于实现政府建议的每日300克奶制品摄入量。

目前，国内外乳品企业正不断开发针对特定消费群体的差异化新产品，乳品发展已进入新的发展阶段。国外乳品企业通过DNA检测技术甄选奶牛，确保所产的牛奶只含有A2型的β-酪蛋白，可减轻由A1型的β-酪蛋白引起的肠胃不适症状。中国乳品企业同样专注于产品的

差异化特点，根据消费人群的特殊需要，通过技术创新和产品功能的系列化，实施产品的差异化设计，开发出具有高科技含量、高附加值的产品，如儿童成长牛奶，针对年轻人的冰激凌，专为白领女性设计的优酪乳，可有效解决乳糖不耐症的营养舒化奶，针对早餐缺失人群的代餐奶，针对糖尿病人群的无糖酸牛奶等。

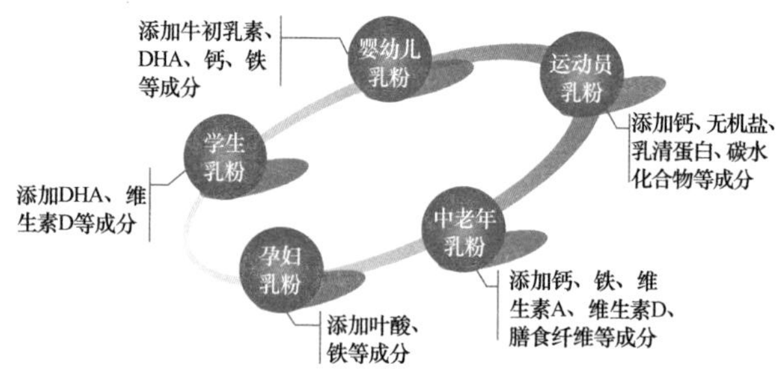

图11　乳粉的差异化产品

产品的背后是人才。德才兼备的高层次人才是组成品质企业的“细胞”，乳制品的研发、生产管理、质量控制、分析检验、产品推广等均需要大量的应用型人才。

➡➡乳品工程专业人才培养与就业方向

乳品工程专业是食品科学与工程类下开设的本科专业，旨在培养掌握食品化学、生物化学、微生物学和营养学等食品科学的基本规律，乳品工艺与工程的基本理论与技术方法，具备乳品科学研究、乳制品生产与精深加工、乳品安全与质量控制、乳品保藏与物流、乳品机械设备与工厂设计的能力与技能，熟悉乳品企业管理和食品安全法规与标准，基础知识扎实、实践能力突出、国际视野开阔、具有创新能力，知识、能力和素质协调发展的复合性应用型人才。我国开设该专业的院校主要有东北农业大学、扬州大学、河南科技大学、黑龙江东方学院、内蒙古农业大学、河北农业大学、青海大学等。

乳品工程专业的主要课程有食品物理化学、食品生物化学、食品营养学、食品工程原理、乳品化学、乳品微生物学、乳品分析与检验、乳品物性学、原料奶生产技术、液态乳品科学与技术、固态乳品科学与技术、乳品安全与质量控制、机械设计基础、电工学、乳品机械设备、乳品工厂设计、食品试验设计与统计分析等。

乳品工程专业的主要就业方向有乳品加工领域行政管理、产品研发、技术管理、质量控制以及与乳品相关的科研院所、机关事业单位等，主要培养乳品相关企业的技术人员、管理人员、营销人员，乳品相关科研院所的科研人员、管理人员，海关、商检、技术监督部门等国家机关事业单位的技术人员、管理人员，想继续深造者还可报考相关学科的硕士研究生或出国留学。

▶▶群菌荟萃——食用菌科学与工程

➡➡什么是食用菌？

食用菌是可供食用的蕈菌的总称，是指能形成大型的肉质（或胶质）子实体或菌核类组织并能供人们食用或药用的一类真菌，通常称为蘑菇。我国已知的食用菌有350多种，其中多属担子菌亚门，常见的有香菇、草菇、木耳、银耳、猴头、竹荪、松口蘑（松茸）、口蘑、红菇、灵芝、虫草、松露、白灵菇和牛肝菌等。

➡➡ 食用菌发展的历史沿革

我国对食用菌的认识和利用可以追溯到约公元前5000年的仰韶文化时期，中国是世界上认识和利用食用菌最早的国家（图12）。公元前375—450年，战国时期的《列子》一书就有“朽壤之上，有菌芝者”的记载。公元前239年，《吕氏春秋》记载了“味之美者，越骆之菌”。

我国是人工栽培食用菌最早的国家，中国古代农书中关于种菌法的最早记载可以追溯到唐代韩鄂所著的《四时纂要》：“取烂构木及叶，于地埋之。常以泔浇令湿，两三日即生。”据记载，人工栽培食用菌大约起源于公元

600 年，我国的木耳人工栽培是人类最早的栽培。金针菇栽培起源于我国公元 800 年，香菇栽培起源于公元 1150—1200 年我国浙江龙泉、庆元和景宁一带，草菇栽培起源于 200 多年前我国广东南华寺。科学化食用菌栽培起源于 1902 年，法国利用组织分离法培育双孢蘑菇菌种获得成功。我国虽然是人工栽培食用菌最早的国家，但应用科学方法栽培起步较晚，直至 20 世纪 30 年代从法国引进菌砖，才开始科学化栽培食用菌。

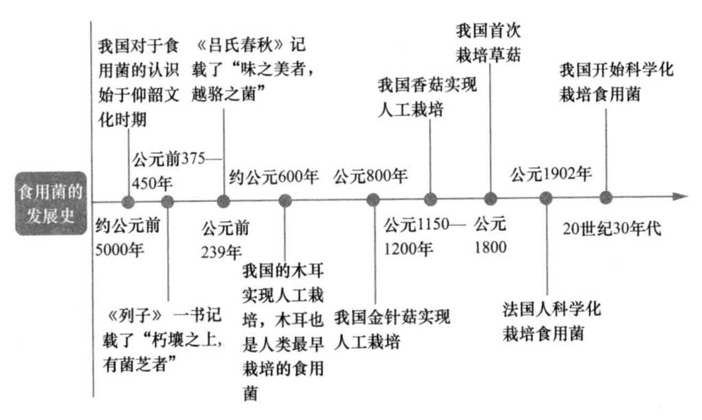

图 12　食用菌的发展史

➡➡ 食用菌的营养价值

食用菌不但是美味可口的大众食品，而且是有机、营养、健康的绿色食品。联合国粮农组织提出 21 世纪最合

理的膳食结构是“一荤一素一菇”。

食用菌的营养成分中40%～82%是碳水化合物，以多糖为主，水溶性多糖和酸性多糖有较强的抗肿瘤活性。香菇多糖对小鼠肉瘤抑制率很高，并可增强放化疗对胃癌、肺癌的疗效。

食用菌蛋白质含量高，氨基酸种类齐全且比例平衡。据分析测定，食用菌蛋白质的含量（按干重计）为19.37%，远远高于小麦、水稻、玉米、谷子等粮食作物，也高于多数蔬菜与水果。食用菌不但蛋白质含量丰富，还含有人体所需要的氨基酸。如金针菇的赖氨酸和亮氨酸含量很高，能够促进儿童成长及智力发育，被称为“益智菇”。

虽然食用菌的蛋白质含量可与肉类相媲美，但是脂肪含量却极低，仅为干重的0.6%～3.0%，是低脂的高蛋白食物。在其很低的脂肪含量中，不饱和脂肪酸占有很高的比例，超过80%，有益于人体健康。

食用菌含有多种维生素，如维生素A、维生素B、维生素C、维生素D、维生素E、泛酸、吡哆醇、叶酸、菸酸和生物素。据测定，每100克鲜草菇中维生素C的含量高达206.27毫克，这在蔬菜和水果中都是达不到的。香菇的维生素更加丰富，除含有大量的B族维生素外，还含有丰富的维生素D，维生素D是钙质成骨的必需元素。每克干香菇含维生素D高达128个国际单位，是大豆的21倍，紫菜的8倍。一个正常人每天需要维生素D为400个国际单位，每天食用3～4克香菇就可满足对维生素D的需要。所以，多食香菇可有效地预防软骨病。

食用菌是人类膳食所需矿物质的较好来源，其含量最多的矿物质是钾，占总灰分的45%左右，其次是磷、硫、钠、钙，还有人体必需的铜、铁、锌等。平菇含铜量居食用菌之首，每100克干平菇含铜量达60毫克，是猪肉的100多倍，面粉的40多倍，大米的90多倍。

➡➡ 食用菌产品的加工

食用菌加工是实现食用菌产品长期保存的方法。加工不是保存食用菌活的机体，而是以活的机体为原料，经过各种加工处理和调配，制成多种形式、多种风味的产品，并采用现代包装技术，使加工后的食用菌产品得以长期保存(图13)。

干制是利用脱水的方法进行贮藏，是广泛采用的一种食用菌加工保藏方法。经过干制的菇叫作干菇，不仅能长期贮藏，还能产生浓厚的香气和改善色泽，提高商品价值。通常食用菌干制采用自然干燥、烘箱干制、烘房干制等方法。

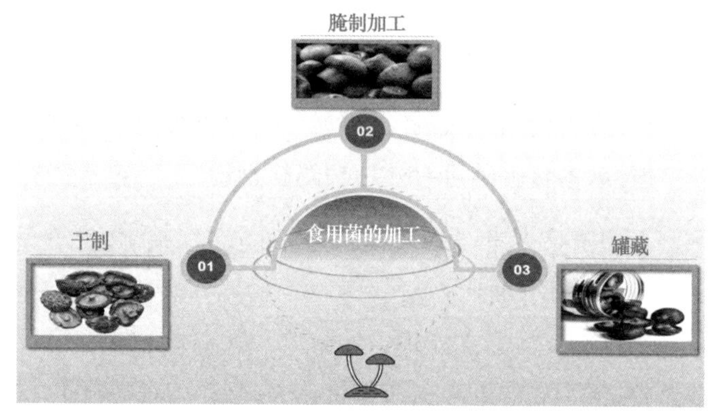

图 13　食用菌的加工方式

腌制加工是利用腌渍的高渗环境，使微生物质壁分离，细胞蛋白质凝固，新陈代谢停止，微生物细胞死亡，从而达到长期贮藏的目的，同时也赋予了食用菌不同的口感和风味。腌制加工是食用菌出口加工最常用的方法，适用于平菇、滑菇和猴头等食用菌加工。

罐藏是将食用菌子实体密封在容器内，通过高温杀菌，杀死有害微生物，同时防止外界微生物的再次侵染，以达到食用菌在室温下长期保藏的一种方法。

另外，利用食用菌在采收和加工过程中剩余的碎菇、菇片、菇柄、菇脚及加工浸泡液，可进行食用菌的深加工。这是扩大食用菌产品种类的重要手段，也是提高食用菌利用率、增加经济效益的重要方式。

➡➡ 食用菌科学与工程专业人才培养与就业方向

食用菌科学与工程专业是食品科学与工程类专业。2020 年 2 月，教育部发文公布了食用菌科学与工程专业为新增备案本科专业，我国开设该专业的院校有山西农业大学。该专业培养适应现代社会发展需要，德智体美劳全面发展，具有科学创新意识和实践能力，掌握微生物学、食品化学、食品工程原理、食品分析、食用菌栽培学、食用菌设施设计与生产、食用菌加工工艺学等的基础理论知识和专业基本技能，能够从事食用菌的生产、工厂设计、加工、流通、管理、新产品开发及科学研究等方面工作的复合应用型高级技术人才。

食用菌科学与工程专业的主要课程包括微生物学、食品化学、食品分析、真菌分类学、食品工程原理、食用菌栽培学、食用菌设施设计与生产、食用菌加工工艺学等。

食用菌科学与工程专业的就业前景广阔，发展空间大，未来的食用菌产业将成为一个独立的产业。该专业学生毕业后可在各级企事业单位从事食用菌领域的新技术研究、新产品开发及产业规划、设计、管理等方面的工作。

发酵，改变食品的魔法

香露飞入壶中，仙家九酝，酿百家醽醁。

——葛郯

▶▶发酵秘密知多少，酝酿决定一切

➡➡发酵食品——亦俗亦雅亦文化

书画琴棋诗酒花，当年件件不离他。

而今七事都更变，柴米油盐酱醋茶。

自古能同时承载大雅与大俗之乐者，非美食不可。古今中外，美食都源于食物原料和微生物命运般的相遇，以及随之而来的发酵。发酵(fermentation)一词派生于拉丁语“fervere”，原意是“翻腾”“发泡”，描述酵母菌生长于果汁或麦芽汁中所产生翻涌泡沫的现象。“诗魔”白居易描述得更有诗意一些：“绿蚁新醅酒，红泥小火炉。”“绿蚁”两字使清浅粉绿的泡沫感扑面而来，满足了我们对美酒新酿的所有想象。

在中华饮食文化中，一般把成分复杂、风味要求较高，诸如白酒、黄酒等酒类以及酱油、食醋、腐乳等副食佐餐调味品的生产称为酿造，而将成分单一、风味要求不高的产品，如谷氨酸、柠檬酸等的生产才称为发酵。发酵也好，酿造也好，它们与化学工业最大的区别在于它是利用微生物或微生物产生的酶进行的化学反应，多在常温、常压下进行，安全、简单，原料广泛，代谢多样，需要特定的菌种选育，需要以发酵工程和酶工程为支撑。

➡➡发酵与酿造——产业众多、就业面广

食品发酵与酿造不仅亦俗亦雅，与中华文化息息相关，还与我国国民经济密切相关，它涉及的产业众多，相关专业学生毕业后就业面广。主要涉及的经济产业有酿酒（白酒、黄酒、啤酒、果酒等）产业、传统酿造（酱、酱油、食醋、腐乳、豆豉、酸乳等）产业、有机酸（柠檬酸、苹果酸、葡萄糖酸等）发酵产业、酶（淀粉酶、蛋白酶等）制剂发酵

产业、氨基酸（谷氨酸、赖氨酸等）发酵产业、功能性食品（低聚糖、真菌多糖、红曲等）产业、食品添加剂（黄原胶、海藻糖等）产业、菌体（单细胞蛋白质、酵母等）制造产业、维生素（维生素 B_2、B_{12} 等）发酵产业、核苷酸（ATP、IMP、GMP 等）发酵产业。

➡➡发酵中的微生物——“发酵之魂”

发酵使饮食多样化，使食物更好保存，并可去除食物中的有害物质，提高维生素含量，提高矿物质利用率。许多世纪以前，食品发酵与酿造是保存和制备食物的古老方法之一。食物保存技术的出现使人们能够在一个地方定居下来，即发酵促进了人类从单纯的狩猎采集生活向农业社会的转变。发酵食物使得人类在食物供应困难、卫生条件差的古代存活下来，完成进化。如果说人类历史就是一部发酵史，那合适的微生物发酵剂就是“发酵之魂”。人类进行的首次驯化是对微生物的驯化，比驯化动物要早。食品加工工业只有百余年的历史，而人类驯化微生物的历史却已达几千年，甚至在还未认识它们的时候就已经开始了。

微生物不仅仅是“发酵之魂”，许多发酵产品中所含的益生菌还可以保护人类胃肠道健康。目前已证实，益生菌可以预防和治疗以下疾病:感染性腹泻、抗生素相关腹泻、旅行者腹泻和常见于早产婴儿的肠道损伤。“医学之父”希波克拉底有一句名言:“让食物成为你的药物。”而发酵就赋予了食品药用的魔力。相信随着科技的发展以及更多现代发酵技术的应用,食品发酵与酿造将突破传统的发酵范畴,带给我们更丰富、更安全、更健康的发酵食品。

➡➡发酵食品工艺的发展历程

食品的发酵是指细菌、酵母菌、霉菌等微生物产生的酶使食物得以转化的过程。最初,发酵食品并不是被发明出来的,而是远古人类从自然现象中观察并学习获得的。古埃及人将碾碎的小麦粉加水做成面团,在偶然的情况下,空气中野生的酵母菌附着于面团并使面团变得更大。人们惊喜地发现,变大的面团烤制出来的食物更加美味,古埃及人认为这是神赐予他们的礼物。而古老的游牧民族也在生活中发现了属于自己的发酵食品。装在羊皮袋里的奶受到依附在袋中的乳酸菌的自然发酵而成为酸奶,牧人进而从变酸的牛奶中分离出凝乳,再经过沥干、成型、干燥,加工成美味而有营养的奶酪。

酒作为发酵饮品的典型代表,是人类饮用历史最长

的加工饮品，它源于各种植物的发酵。成熟的果实和种子表面附有野生酵母，自然能发酵果实和种子而产生含酒精的饮品。在河南新石器时代村庄遗址的陶器中发掘出的混合了蜂蜜、大米、葡萄、山楂的发酵饮品，就是很好的证明。随着农耕技术的发展，人类所能获得的食品原料有了不同程度的富余，以粮食和葡萄为代表原料的发酵酒类的生产工艺得到了快速发展。例如，汉朝时期我国就有了蒸馏技术，发明了高度酒生产工艺；埃及人掌握了麦芽制造和麦芽汁生产技术，建立了很多古老的啤酒厂；亚美尼亚的阿雷尼人在公元前就拥有完整的葡萄酒酿造建筑群。

食品的发酵，自人类有历史以来就在不断地进行，酱油、醋、风干肠、腌鱼、泡菜、巧克力、咖啡等各种发酵食品逐渐成为人们日常饮食的内容。早在西汉末年，我国人民对发酵食品的生产工艺就已经掌握得非常全面了。《齐民要术》被称为世界最古老、保存最完整的农学著作，其中详细地记载了发酵面制品、发酵乳制品、发酵肉制品、腌渍鱼（虾、蟹、果、菜）、豉、酒、酱、醋等的制作工艺。

食品发酵过程中，最重要的“点金术”就是使用合适的微生物发酵剂。食品发酵的历史实质上就是微生物的驯化史。可以用于发酵的酵母菌、乳酸菌、醋杆菌等微生物无处不在，它们飘浮在空气中，生活在动植物的表面和体内。人们只需把合适的食品放到厨房中，它们就会自己找上门。但同时，人们也发现了很多食品的发酵是个因地制宜的事情，各种酒类、酱醋、奶酪、发酵香肠等都有自己知名的产区。因此，在发酵食品的生产中有个很玄妙的概念叫“风土”，可将其理解为包括地理、光照、湿度和温度等环境因素的总和。实际上，“风土”是决定微生物发酵剂能否生长和发挥效用的关键。

真正阐明“发酵之魂”重要性的是 19 世纪以路易斯·巴斯德为代表的微生物学家们，他们的研究揭示了食品发酵的原理和本质，帮助人们深入理解“发酵之魂”在食品中的作用：微生物发酵的转化作用可使食品的外观、风味、香气和口感产生特殊变化。人们逐渐分离出决定发酵食品独特风味的微生物纯培养菌株。进入 20 世纪，发酵工业中纯种发酵技术的建立、大规模深层液体通气发酵工艺的建立以及微生物育种技术的发展，为食品发酵、酿造带来了新的技术革新。此后，发酵食品的微生物菌株被规模化培养出来，发酵食品的生产变得更安全、更美味、更标准化，也逐渐从作坊走向工厂。

发酵食品为微生物学的产生和发展打下了基础，为近代发酵科学的兴起做出了杰出的贡献，而微生物学和

发酵科学的进步也将在未来推动发酵食品加工工艺中的不断创新。科学家正在挖掘发酵食品中特有的微生物菌种资源，利用各种高新技术研究微生物代谢、基因表达和酶反应与发酵食品品质的关系，以开发绿色、高效的现代工业化食品发酵新工艺。同时，食品机械工程师致力于开发数字化、连续化和智能化特色优质发酵新工艺和发酵加工成套技术装备，这些研究将用于在未来为人们生产出更美味、更健康、更安全的发酵食品。

▶▶舌尖上的发酵食品

➡➡不生不熟——发酵肉

在学会肉的储存和发酵技术之前，人类曾是腐尸的采集者。在切割工具发明之前，储存肉类使其稍微变质，不仅是一种使其变软的简易方式，还是一种天然的烹饪方法。时间的魔力使得肉类的质地和口味发生了天翻地覆的改变。食用稍微变质的肉类，从一开始的生存问题演变为最终的口味选择。现今，把肉切成薄片，加入盐，再晾干的发酵过程和旧石器时代狩猎采集者发酵肉类的过程如出一辙。烟熏或香辛料等元素的加入，旨在提味，同时也能防止腐败的发生。人们还利用乳酸菌接种，通过加入淀粉等碳水化合物加速乳酸菌的生长，以促进肉类的发酵。无肉不欢的人类自古就对这些不生不熟的发酵肉制品着了迷，制作出了意大利帕尔马火腿、意大利阿道香肠、中国金华火腿等声名卓著的美味。

➡➡奶制品的辉煌——发酵乳制品

人类食用酸奶和奶酪早于喝纯奶和驯化奶牛。公元前一万年，亚洲的游牧民族沿着畜群自然迁徙的路线移动。由于新鲜的牛奶、羊奶通常无法及时食用，因此被灌满在随身携带的皮囊中，形成了一种微酸且略呈凝固状态的奶制品，以补充牧民们旅途中的消耗。在蒙古，马奶酒作为一种饱含生命能量的神圣饮品用来欢迎贵客。推杯换盏间，冒着气泡的"奶香槟"彰显着主人的热情好客，也暗喻着家庭的和谐幸福。以发酵奶为原料，游牧民族还会制作一种固体压缩干酪，苏美尔人的定居促进了奶酪生产走向工业化。现有奶酪制作大都需要经过好几次发酵，不同的培酵方法、时间、温度、盐度、添加的香辛料，会造就奶酪不同的特性。而人们对细菌、酵母、霉菌等的习性炉火纯青的掌握，孕育出了丰富的产品：绿纹奶酪、花皮奶酪、咸奶酪、干酪、软奶酪、硬奶酪等。奶酪和发酵乳滋养了人类的古老文明，是美食史上盛开的花朵。

➡➡海的味道——发酵水产品

公元前3000年，苏美尔人和古埃及人在制作鱼干的过程中，逐步参透了发酵的奥秘，向海而生的人们掌握了将海的味道长期保存下来的诀窍。鱼露和鱼酱被誉为古代的液体黄金。在沿海地区，丰沛的小型海洋原料被人们加工成营养丰富且风味独特的鱼露、鱼酱，以满足人们对鲜味的渴望。鱼体细胞自溶，微生物繁衍，温度、盐分、时间的完美配合，实现了鱼从固态到液态的转变。不同于鱼露和鱼酱，腌鱼则保留了鱼的形体。瑞典腌鲱鱼、挪威臭鱼等，采用重盐除去鱼体中的水分，施以重压或密闭方式使其熟成。密闭空间中的特殊细菌，尤其是多种盐厌氧菌，在大肆吞噬鱼体蛋白的同时，赋予其类似氨的刺激气味及干酪的口感和回香。“甲之蜜糖，乙之砒霜”，这些“臭名昭著”的食物，往往令许多老饕趋之若鹜。

➡➡美酒——灵性之物也

问世间酒为何物？曰：灵性之物也。它既能使人兴奋，又能使人麻醉。中国是世界上最早酿酒的国家之一。相传夏禹时期，仪狄始作酒醪，杜康始作秫酒。酿酒历数千年而不衰，为何？曰：酒之功大也。酒是一种神奇的饮品，是粮食、水果、甘蔗、蜂蜜等含淀粉或糖的物质经发酵制成的。中国酒类品种繁多，有白酒、黄酒、啤酒、果酒和露酒几大类。其中，白酒是中国的国酒，以其独具中华民族特色的酿造工艺享誉全球。中国白酒根据香型分为酱、浓、清、米、凤五大香型以及其他五小香型，主要以酯类为主体的复合香味，其中己酸乙酯、乳酸乙酯和乙酸乙酯是白酒的重要香味成分。各类白酒各有千秋：以贵州茅台为代表的酱香型酱香突出，幽雅持久，口味醇厚，回味悠长；以宜宾五粮液为代表的浓香型窖香浓郁，甜绵爽净，纯正协调；以山西汾酒为代表的清香型清香纯汇，醇厚柔和，余味爽净；以桂林三花为代表的米香型蜜香清雅，入口绵甜，回味怡畅；以宝鸡西凤为代表的凤香型醇香秀雅，甘润挺爽，尾净悠长。

➡➡发酵调味料——“烹饪之魂”也

酱油、食醋、酱等传统发酵调味品创始于中国，是我国宝贵的历史遗产之一。其中，酱油和食醋是我们生活中必不可少的烹调产品。酱油生产源于周代，从豆酱演变和发展而来，是用大豆、小麦和麸皮为原料，经微生物发酵制成的液体调味料。酱油的成分复杂，除食盐外，还有多种氨基酸、糖类、有机酸、色素及香料等。酱油以咸

味为主,亦有甜味、鲜味、香味等。以海天和李锦记品牌为代表的广式酱油,味鲜色浓,酱香浓郁。我国酿醋历史悠久,品种繁多。由于酿造的地理环境、原料与工艺不同,出现了许多不同地区及不同风味的食醋,主要有山西老陈醋、镇江香醋、四川麸曲醋、福建红曲醋等。山西老陈醋是中国北方著名的食醋,以优质高粱为主要原料,产品色泽黑紫,液体清亮,酸香浓郁,食之绵柔,醇厚不涩。镇江香醋则是以优质糯米为主要原料,产品酸而不涩,香而微甜,色浓味解。四川麸曲醋以麸皮、小麦、大米为主要原料发酵而成,产品色泽黑褐,酸味浓厚。福建红曲醋以糯米、红曲芝麻为原料,产品色泽棕黑,酸而不涩,酸中带甜,具有一种令人愉快的香气。酱是以豆类、小麦粉、水果、肉类或鱼虾等物为主要原料加工而成的调味品,有着悠久的历史。现在,中国人常见的调味酱分为以小麦粉为主要原料的甜面酱和以豆类为主要原料的豆瓣酱两大类。甜面酱甜中带咸,同时有酱香和酯香,适用于烹饪,还可蘸食大葱、黄瓜等菜品。豆瓣酱添加了辣椒、芝麻油等佐料,更适合南方人爱吃辣的口味。豆瓣酱一般用于烹饪爆锅,也被称为“川菜之魂”。

➡➡发酵果蔬——开胃之佐菜也

利用发酵保存果蔬已是非常普遍的传统，果蔬发酵是为了延长蔬菜供应时间，以供人们冬季食用。我国发酵蔬菜品种丰富，如四川泡菜、东北酸菜、涪陵榨菜、扬州酱菜等。发酵蔬菜味美爽口，开胃助消化，具有鲜、嫩、香、脆、咸和酸的特点，并富含活性乳酸菌。泡菜最早起源于商周时期，经北宋大文豪苏东坡发扬光大。四川眉山是中国的泡菜之乡，东坡泡菜酿制技艺已经入选“非物质文化遗产保护名录”，也是国家地理标志保护产品，拥有味聚特、李记、吉香居、川南等中国驰名商标。泡菜分为即食和非即食两种，具有色泽红润鲜亮，麻、辣、酸、鲜、甜、香，质地脆嫩，咸淡适口，入口香脆，回味悠长的特点。酸菜主要源于东北，因天气寒冷，民间以秋冬之际腌渍的大白菜为主要蔬菜。东北酸菜历史悠久，早在《奉天通志》中就有记载：“及至秋末，车载秋菘（大白菜），渍之瓮中，名曰酸菜。”东北人的家里有两样不可缺少的东西，即酸菜缸和腌酸菜用的大石头。腌渍的方法是将盐撒在大白菜上，然后摆放整齐并压紧，一个月后即成。发酵后的酸菜酸香味醇，清淡爽口。涪陵榨菜由青菜菜头自然脱水，加盐腌制而成，因用木榨压除菜块中的卤水而得名。

传统的涪陵榨菜具有鲜香嫩脆、咸辣适当、回味返甜、色泽鲜红的特点。扬州酱菜问世于汉朝，发展于隋唐，兴盛于明清，产于长江下游，地处江淮平原。扬州酱菜的特点是酱香浓郁，甜咸适中，色泽明亮，块型美观，其鲜明特点是鲜甜脆嫩。

▶▶酒逢知己千杯少——酿酒工程

➡➡酿酒工程历史悠久

我国是世界上最早酿酒的国家之一。由于地域辽阔，气候适宜，我国谷物资源丰富，所以酿酒起源很早。龙山文化遗址的陶制酒器证明，我们的祖先在新石器时代就已经开始酿酒。酒的起源是一个漫长而又复杂的过程，原始社会食物保存条件差，某些含糖原料在微生物的作用下发酵，离析出含酒精的甜味液体，形成了最早的酒。酿酒过程实际上是一种微生物化学反应过程，而学会酿酒工艺是人类认识和利用微生物的重要成就。

文字的发达是文化昌盛的最佳证据，同理，酒文字的发达就是中国酒文化昌盛的证明。孙宝国院士曾用“有米才有粮，有粮方能酿，酿久米变酉，变酉粮没有，加水变为酒”的顺口溜形象地从文字的角度说明了酒的酿造历程。

中国的酿酒技术历经漫长岁月的升华，留下了宝贵的酿酒遗产。其中，具有民族特色的中国酒主要包括黄酒、白酒（蒸馏酒）、葡萄酒和药酒。药酒是将作为饮品的酒与中医药融合，二者相辅相成，起到强身的作用，是我国的传统特色酒。在漫长的历史进程中，我国的酿酒技术得到了不断的改进和提高。

➡➡科技引领酿酒工程发展

我们在传承与发展传统酿酒工艺的过程中，从相传的经验中找到科学，把工匠手艺转变为技术。现代的酿酒行业已经实现了机械化和自动化生产，用粉碎机代替了牲畜拉磨，将蒸馏器的“天锅”改为冷凝器，将大曲的踏制改为曲坯成型机，将人工送料改为皮带输送或桁车抓斗，包装设备也普遍实现了洗瓶、灌装、压盖、贴标流水线作业。现代的科学技术使传统酿酒工艺散发异彩，使中国酿酒业以优质特色的产品称著于海内外。

当今，随着消费追求品质化、健康化和个性化发展，酿酒行业面临产品种类、销售渠道、推广媒介、物流和供应链等方面的全面升级。特别是针对酒产品健康化的需求，从原料选配、工艺创新等途径增加健康元素，从数字

化（智能化、区块链、云计算、大数据）手段中寻找健康路径，通过实验室和临床数据研究健康作用等，都将是未来酿酒工程探索与实践的重要内容。因此，酿酒行业的未来发展需要专业技术人才，人才是传承和发扬中国酿酒产业的根本。我国已有多所院校开设酿酒工程专业，包括江南大学、贵州大学、北京工商大学、陕西科技大学、湖北工业大学、吉林农业大学等。

➡➡酿酒工程专业人才培养与就业方向

酿酒工程专业是研究酒类酿造、蒸馏、贮藏、勾调、品评及鉴赏艺术和营销理念的综合性学科。它的基本任务是以优质酿酒原料为基础，利用现代生物工程的先进理论和高新技术，制曲或培养微生物，在一定条件下酿造具有特定文化内涵和典型感官质量的酒类产品，并通过先进营销理念和高雅鉴赏艺术的有机结合，促进酒品的健康消费。

酿酒工程专业的主要课程包括分析化学、有机化学、动物生理学、生物化学、生物学、分子生物学、微生物学、葡萄品种学和栽培学、果实贮藏保鲜学、葡萄酒酿造学、葡萄酒鉴评学、葡萄酒工程学、葡萄酒庄园设想与治理、食品营养与卫生学、实用企业治理学、市场营销学等。

酿酒行业在我国具有重要的经济地位，在传承与发展的过程中，酿酒行业需要源源不断的人才输入。酿酒工程专业毕业生的就业方向是在酿酒的生产、加工、流通及与之相关的教育、研究、进出口贸易、卫生监督、安全管理等部门，从事酿酒或相关产品的科学研究、技术开发、产品研发、工程设计、生产管理、质量控制、产品销售、文化推广、检验检疫、教育教学等方面的工作。

▶▶何以解忧，唯有杜康——白酒酿造工程

➡➡白酒酿造技艺自成风格

我国白酒的酿造技术始于5 000年前，在《诗经》中就记载了“酒既和旨，饮酒孔偕，钟鼓既设，举酬逸逸”的欢快饮酒场面。白酒是中国独有的酒品种类，也是世界著名的六大蒸馏酒之一（其余五种是白兰地、威士忌、朗姆酒、伏特加和金酒）。目前我国白酒产业主要集中在长江上游和赤水河流域的贵州仁怀、四川宜宾、四川泸州三角地带。这里有着全球规模最大、质量最优的蒸馏酒产区，生产中国三大名酒“茅五泸”，其白酒产业集群扛起中国白酒产业的半壁江山。白酒在发展演变过程中形成了独特的酿酒风格，在工艺上比世界各国的蒸馏酒都复杂得多。白酒主要由大麦、高粱、玉米、红薯、米糠等粮食或其

他果品发酵、蒸馏而成,其酒液无色透明,故称为白酒。白酒的酿造过程一般包括糊化、糖化、制曲、发酵和蒸馏等主要工序。根据所用糖化、发酵剂和酿造工艺的不同,可将白酒分为大曲酒、小曲酒、麸曲酒三大类,其中麸曲酒又可分为固态发酵酒与液态发酵酒两种。

➡➡白酒呈香回味绵长

白酒酒色晶莹透明,香气馥郁,余香不尽,醇厚柔绵,甘润滑冽,酒体谐调,回味悠久,给人以极佳的口感。除乙醇成分外,酒中还含有呈香味物质,包括陈酿出的酸、酯、醇、醛等种类众多的微量有机化合物,它们作为白酒的呈香、呈味物质,决定着白酒的风格和质量。

➡➡白酒文化源远流长

“酒饮千杯不知醉,谈古论今话九朝。”中国人有饮酒的传统,有“无酒不成席,无酒不成宴”之说,在很多场合白酒仍无可替代,且很多白酒品牌都有着深厚的文化底蕴和历史渊源,在国内拥有相当稳定的需求量。白酒作为传承千年的非物质文化遗产,伴随着中华盛世的兴衰起伏,承载着普通百姓的悲欢离合,也成就了历代诗人的名篇佳句,在长久的历史演变中成为宴席必备饮品,并形成了复杂的饮酒文化。作为中国饮食文化的代表,它有着丰富的内涵和文化传承，为人们所津津乐道。

➡➡白酒酿造工程专业人才培养与就业方向

白酒酿造工程专业以为中国白酒产业发展服务，培养酿造白酒相关的工程师人才、酿造科研人才、品酒人才及教学推广人才为主要方向。白酒酿造工程专业人才主要从事白酒酿造生产相关的工程管理、产品开发、厂房设计及质量管理等工作。

白酒酿造工程专业的主要课程有有机化学、无机化学、生物化学、微生物学、酿酒工艺学、酿造酒工程学、酿造酒品尝学、酿造酒营养与卫生学、食品质量法规、食品工艺等。

白酒行业作为一种既传承了中华传统文化，又创造了重要经济价值的悠久产业，有着很强的人才需求。随着中国白酒产业的发展，高端人才的需求也大大加强，高端酿酒人才、品酒人才成为行业争夺的焦点。白酒酿造工程旨在培养具有高度社会责任感，良好的科学、文化素养，能较好地掌握白酒酿造科学与工程基础知识、基本理论和基本技能，具有创新意识和实践能力的复合型人才，培养能够在酿酒工程及相关学科领域从事科学研究、技术开发、工程设计、生产管理、教育教学等工作的专业人才。目前我国开设白酒酿造工程专业的院校是贵州仁怀的茅台学院等。

▶▶欲饮琵琶马上催——葡萄与葡萄酒工程

➡➡葡萄酒的历史及在我国的发展

白酒于国人而言，是一种文化和精神的象征，它随着中华五千多年的历史传承下来，流淌在国人的血液中，已经与人生、社会交相辉映、生生不息。随着我国改革开放的不断深入，与国外经济、文化、饮食等领域的不断交融，葡萄酒逐渐进入了国人的视野，与白酒在不同领域呈相互竞争又互补共存的关系。

葡萄酒是以葡萄为原料酿造的一种果酒，其酒精浓度高于啤酒而低于白酒。葡萄酒作为人类最早饮用也是最钟爱的酒精饮品之一，自诞生起就充满了传奇色彩，柏拉图称赞其为上帝赐予人类的美好而有价值的东西。人类对葡萄酒的迷恋历经数千年，虽久不可考，但普遍认为其起源于公元5 000多年前的波斯、古埃及等地。随着古代的战争、商业活动等的频繁，葡萄酒及其酿造技术随古罗马帝国的扩张迅速传播到整个欧洲，兴盛至今。由于特定的历史和地域原因，中国的酒文化以白酒为主，葡萄酒被定义为“舶来品”，葡萄酒的普及似乎从近代才刚开始。但据《史记》记载，早在西汉年间，随着张骞出使西域，将葡萄树的种植及葡萄酒酿造技术传入中国，葡萄酒作为“奢侈品”已在贵族间流传。到大唐盛世，葡萄酒酿造技术随国力和生产力的提高而快速发展，百姓才有了品尝葡萄酒的机会，才诞生了“葡萄美酒夜光杯，欲饮琵琶马上催”的美好诗句。葡萄酒在中国的发展随王朝更迭历经起伏，但随着中国经济的腾飞，葡萄酒相关产业在中国的发展也进入了快车道，跻身世界最大葡萄酒市场之一。

➡➡葡萄酒产业的现状及发展机遇

葡萄酒是国际上流行的酒种之一，对一个国家的经济发展、科学进步、国民文化素质提升等方面有着很深的意义。葡萄酒的产业链涉及很多与葡萄酒产业相关的行业，上游包括葡萄种植、葡萄园管理、大型机械设备的改良和研发等，下游包括葡萄酒的营销、品牌文化的建立、电子商务平台的搭建、葡萄酒旅游开发等，也诞生了诸如酿酒师、园艺师、品酒师等新兴职业。葡萄酒产业的快速发展凸显了专业人才队伍的不足，而专业人才的匮乏也限制了葡萄酒产业的进一步升级。因此，从基地、酿酒、品酒、营销、管理等产业链的重点环节入手，培养和造就一支具有世界一流水平的创新型、应用型、复合型高素质葡萄酒专业人才队伍，对我国葡萄酒产业的良性可持续

发展具有重要战略意义。

➡➡葡萄与葡萄酒工程专业人才培养与就业方向

葡萄与葡萄酒工程专业培养具备生物学、化学、现代酿酒葡萄学和葡萄酒酿造学、食品工程学、企业管理和市场营销学等基本理论和基础知识，系统掌握葡萄与葡萄酒工程的专业知识及技能，在葡萄与葡萄酒或相关职业领域从事科研教学、生产设计与管理、贸易营销、新技术与新产品开发的高级专业人才。我国已有多所院校开设葡萄与葡萄酒工程专业，包括中国农业大学、西北农林科技大学、山东农业大学、青岛农业大学、大连工业大学、新疆农业大学、山西农业大学等。

葡萄与葡萄酒工程专业的主要课程包括有机化学、生物化学、物理化学、食品微生物学、食品工程原理、食品化学、生物统计与试验设计、植物生理学、葡萄酒化学、生态与葡萄栽培学、葡萄品种学、葡萄酒酿造学、葡萄酒感官品评、葡萄与葡萄酒生产认识实习等。

当前，我国葡萄酒产业和行业蓬勃发展，专业人才需求迫切，就业前景十分广阔。相关人员可从事酒类企业管理、葡萄酒生产、鉴赏艺术、管理营销、文化推广、食品营养、质量控制、工程设计、科研教学等领域的工作。

合理营养,吃出健康

空腹食之为食物,患者食之为药物。

——《黄帝内经》

▶▶食品营养,健康之基

人体需要营养物质来提供身体机能的内在动力,所谓营养物质,就是人体需要从体外来摄取食物,比如牛奶、米饭、蔬菜等,这些食物经食道、胃肠消化、吸收和代谢后,即可为组织器官和细胞等提供能量。营养物质对于我们人体来说至关重要。我们通常所说的营养学是研究什么的呢?营养学主要研究食物中有益的成分以及人体摄取和利用这些成分以维持、促进健康的规律和机制。营养学一般可以划分为膳食营养学、运动营养学、公共营

养学、临床营养学等领域。主要课程有中医学基础、解剖生理学、病理学、药理学、基础营养学、微生物学、食品卫生学、临床营养学等。

➡➡食品营养与人体健康的关系

在生活中人体处处离不开食物，但是怎样可以吃得更有营养，更加健康呢？所谓的营养素有七种，包括蛋白质、脂肪、碳水化合物、水、维生素、矿物质、膳食纤维。食物中有人体所需要的营养物质，不同的食物供给人体必需的各类营养。根据中国居民平衡膳食宝塔对中国居民膳食给出标准，如图 14 所示。

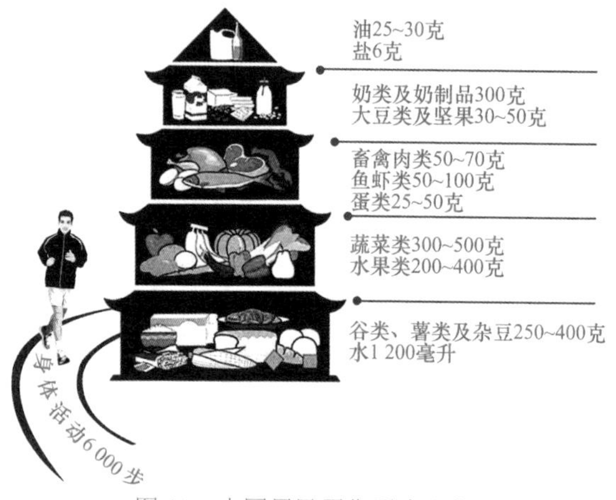

图 14　中国居民平衡膳食宝塔

因此，膳食中的食物组成是否合理，提供营养素的数量与质量是否适宜，其比例是否合适，对于能否维持机体的生理功能和生长发育、促进健康及预防疾病至关重要。那么营养素是什么呢？所谓营养素，是指维持机体繁殖、生长发育和生存等一切生命活动和过程，需要从外界环境中摄取的物质。比如，蔬菜中含有蛋白质、脂肪、碳水化合物、水、维生素、矿物质、膳食纤维，具有为人体提供能量、构成机体和组织修复等功能。

营养素摄入不足或过量都会给身体带来损伤。当缺乏蛋白质时，患流行性感冒的概率就会增大，这是由于人体内的抗体是抵抗疾病的重要物质，而抗体就是一些特殊结构的蛋白质。当蛋白质摄入不足时，体内的抗体合成不足，从而导致免疫力低下。蛋白质摄入过多，会加速骨骼中钙的流失，从而导致骨质疏松，也会增加肾脏代谢的负担，有可能引起泌尿系统结石和便秘。脂肪能够提供身体所需要的能量，脂肪摄入不足会感到明显的乏力、怕冷，相反，摄入太多则会导致脂肪堆积，运动不及时可能会引起肥胖症。可见，食物中的营养素与人体健康有着密不可分的联系。

➡➡决定食品营养价值的重要因素

那么，是什么决定了食品的营养价值呢？总的来说，食品的营养价值由食品原料决定，受到原料来源、储运、加工方式等多种因素影响。正如我们所熟知，牛奶是一种营养价值很高的食物，因为牛奶含有人类全部必需的营养素，如图 15 所示。除此之外，牛奶是奶牛分泌生产出来的，不可避免地含有多种激素和微生物。食品加工工艺使牛奶成为更能满足人们健康需求的食品。利用巴氏杀菌法可以消灭牛奶中的微生物，使其在生物学上更安全。通过发酵工艺制成奶酪、酸奶和奶酒，降解牛奶中的激素多肽，改变其抗原性；降低乳糖含量，使其更适于乳糖不耐受人群食用；改变微生物成分，增加了益生菌含量。牛奶还可分离加工成黄油、低脂脱脂奶、乳清蛋白质等，满足不同人群的需求，或者强化维生素 A 和 D 而成为膳食补充剂。由此可见，食品科学研究和工艺进展使牛奶变成满足不同人群营养需求的多种产品。

图 15　牛奶的营养价值

➡➡如何保障食品的营养与健康?

在食品加工过程中,不可避免地有一些不利于身体健康的物质生成,食品营养学的研究可以明确其危害,趋利避害,甚至化“害”为“利”,使我们吃得更健康。科学家研究发现,食品成分中的糖类在高温过程中会与蛋白质的游离氨基酸、脂质等发生反应,一方面反应生成的特殊的香味成分提高了食品的品质,但另一方面也会形成一系列新的化学物质,统称为糖基化终末产物(AGEs)。这些 AGEs 摄入机体后,导致血液中的 AGEs 水平升高,进而导致体内炎症因子水平升高及代谢紊乱,与肥胖以及多种慢性疾病,如糖尿病、心血管疾病、骨质疏松等密切相关,如图 16 所示。营养学研究发现,鱼、豆类食品、全谷物、水果和蔬菜的 AGEs 含量较低,更有利于健康。另外,食品加工也会增加 AGEs 的含量,比如中餐制作中常用的“炒糖色”工艺和西方饮食中可乐的制作工艺中,高温可促使 AGEs 大量生成,而改进加工工艺,如缩短加热时间、降低温度、增大湿度或者用酸浸的方法预处理等,可以大大减少 AGEs 的生成。

随着科学技术的进步和人们生活节奏的加快,人们的食品来源也发生了翻天覆地的变化。商业化的食品成

为越来越多人的选择，主要包括一些深加工食品和外卖食品。这些食品为了迎合人们对口感的要求，具有高盐、高油和高糖等特点，对人体健康不利。如何改进生产工艺，保证商品化食品的营养价值是食品营养学当下的重要课题。食品营养学还着眼于未来，将纳米技术及其他新型生物材料应用于营养素的储运、吸收，让食品营养学更好地为人类健康服务。

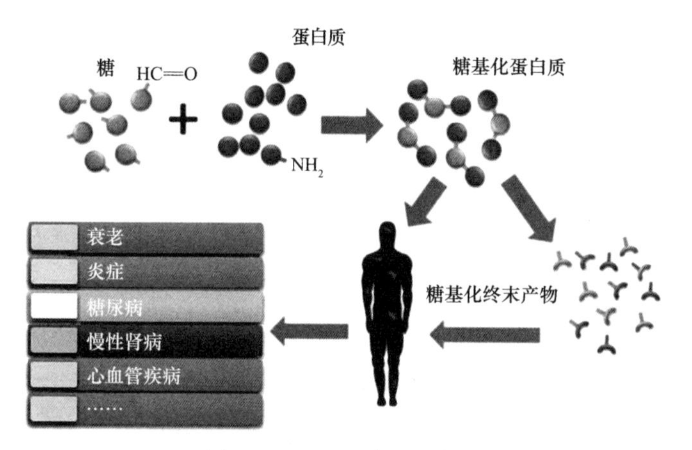

图 16　AGEs 的来源及危害

▶▶筑起膳食宝塔——食品营养与健康

➡➡食品营养与健康专业的重要性

食品营养与健康是研究食品、营养与人体健康的一门科学，具有很强的科学性、社会性和应用性，与国计民生关系密切，在增进我国人民身体素质、预防疾病，保护和提高健康水平等方面起着重要作用。

随着我国和世界经济的飞速发展，食物结构和食物消费中的不合理状况日益显露，营养过剩与营养不良并存，不科学、不文明的食物消费习惯普遍存在，这些问题已经严重影响了人们的健康。《中国居民营养与健康状况调查》显示，全国患高血压、糖尿病、超重和肥胖的人数超过 2 亿人，亚健康状态人群也日益增多。严峻的现实令中国营养专家和食品专家意识到，当务之急是在国内开展公众的营养干预和指导，引导我国食物发展步入科学轨道，加大食物结构的调整力度变得刻不容缓。以传统的饮食文化来优化食物与营养结构，使其与预防营养性疾病相结合，提高全民营养、健康水平。

目前，我国消费领域最为突出的矛盾是日益增长的食品质量、安全需要与现实食品原料生产、加工、运输和流通状况之间的矛盾。研究食品质量安全保障，进行食品质量安全检测，开展公民营养与食品安全教育，组织健康食品加工生产都需要营养、食品与健康领域的专业人才去完成。

➡➡食品营养与健康专业人才培养与就业方向

学习食品营养与健康专业可以帮助学生理解和掌握食品中的营养物质对人体生命的作用，从而能够利用所学知识在食品加工应用中尽可能地保留食物的营养素，掌握食品强化营养素的添加原则和方法，能够进行营养配餐以及利用营养学知识进行疾病的防治，并且能够为学生在以后的工作中不断提高技术水平和管理水平打下坚实的基础。

食品营养与健康专业的核心课程包括食品工艺学、食品机械与设备、食品工厂设计、食品试验优化设计、分子生物学基础、食品营养与人类健康原理、食品分析与检验、食品毒理与免疫学、营养与保健食品原理与功能评价。结合本专业其他基础课程和专业核心课程的系统学习，学生能适应咨询及指导、公共营养师等工作岗位。

食品营养与健康专业具有广阔的发展前景，其就业领域包括医院、卫生防疫部门、食品质量检测、幼教、食品加工与销售、饮食业等。该专业形成的职业将成为我国新世纪热门的职业之一。食品营养与健康专业的毕业生就业单位包括各地市疾病预防控制中心、食品研究所、食品行业，医院、宾馆、酒店、学校的食品进出口部门等，以及食品检验、品质管理、食品质量分析、卫生监督、营养治疗和保健、营养教育、餐饮管理、食品营销与贸易等单位。

▶▶“烹”然心动——烹饪与营养教育

➡➡烹饪与营养教育专业的发展历史

20 世纪 80 年代初期,中国烹饪高等教育开始发展。到目前为止,我国开设烹饪与营养教育本科专业的院校已达到几十所,有扬州大学、哈尔滨商业大学、四川旅游学院、黄山学院、昆明学院、济南大学、韩山师范学院、岭南师范学院、北京联合大学、河北师范大学、河南科技学院、安徽科技学院、吉林工商学院、湖北经济学院、武汉商学院、广西民族大学相思湖学院、内蒙古师范大学、内蒙古财经师范大学、桂林旅游学院、吉林农业科技学院、广州第二师范学院等。其中,扬州大学烹饪与营养教育专业创办于 1983 年 9 月,是全国烹饪高等教育首创、办学历史最久的特色专业,2019 年扬州大学烹饪与营养教育专业入选教育部首批一流专业建设点。该专业的学科内涵由单一的烹饪工艺专业发展为中餐、西餐、餐饮管理、营养饮食、饮食文化、烹饪教育等多方向的专业群体,同时也肩负着传播饮食文化的重要任务。

➡➡烹饪与营养教育专业在当今的应用

大型盛会的供餐。比如在2008年北京奥运会期间，现场接待人数超过700万人，仅竞赛场馆供餐就约300万份，部分场所还要保证24小时持续供餐，而且70%以上是西餐。此外，还要保证菜单七天不重样，盒饭饭量男女有别。这就需要烹饪与营养教育专业的人员参与指导，保证配餐营养的同时又传播了中国文化。

个性化定制配餐。随着现代人们健康观念越来越强，订餐时的选择，不仅要考虑口味、卖相及配餐时效，在营养搭配、健康饮食上的要求也逐步提升。特别是医院病患等特殊群体，“一日三餐吃什么、怎么吃？”“哪些食物有营养，哪些有助于病情康复？”“医生建议怎么吃？”等问题比较突出，就需要有针对性地配餐。这也是烹饪与营养教育专业的学生未来就业的一个新方向。

➡➡烹饪与营养教育专业人才培养与就业方向

烹饪与营养教育专业主要培养具备熟练烹饪工艺与营养实践技艺，掌握宽厚的烹饪科学、营养学、教育学等基本知识，具有研究、管理、操作等综合能力的高级应用型人才。

烹饪与营养教育专业主干课程体系专业主要学习营养学基础、烹饪工艺学、营养配餐基础、食疗药膳学、冷盘与雕刻、宴席设计、食谱编制与评价等方面的课程。

烹饪与营养教育专业就业方向专业毕业后主要在烹饪、营养等相关专业从事教学、科研等工作，或在政府、行业和企业从事相关管理、烹饪技艺、营养配膳等工作。随着餐饮行业的发展，餐饮人才日益匮乏，尤其是技能精湛的专业厨师供不应求，已经成为餐饮业发展所面临的挑战之一。与此同时，人们对饮食消费呈现出新的趋势，在注重美味的同时追求健康营养，只依靠传统的菜品制作已经满足不了社会对烹饪专业人才的需要，取而代之的是烹饪与营养相结合。因此，能够从事烹饪制作与营养配膳，具备一定沟通和创新能力的应用型技术与管理人才的需求也随之增加了，这也决定了烹饪与营养教育专业的前景十分广阔。

▶▶“数字化”饮食——食品营养与检验教育

➡➡“数字化”饮食知多少?

你知道一杯脱脂奶的能量是多少吗？你了解一个桃子的能量是多少吗？你知道一份罗非鱼的能量是多少

吗？你知道一份烤肉拌饭的能量是多少吗？你知道一顿晚餐进食的能量又是多少吗？如何能在满足食物种类和营养素推荐摄入量的前提下保证能量供给不超标，保证健康的饮食模式？现代生活早已进入数字化模式，健康又何尝不是如此。因此，应把“数字化”运用到三餐食谱中去，让“数字化”饮食为你的健康把关（图 17）。

图 17 “数字化”饮食

然而，“数字化”饮食的前提需要我们充分了解食品营养、饮食模式与健康之间的关系。在一天、一周或一年的时间内，个人摄入的所有食物和饮料的总和，称为饮食模式。饮食模式不仅是摄入的各种食物和饮料的数量总和，也代表了个人饮食习惯的总和。饮食模式以及它所包含的食物和饮料及其营养成分的数字化和标准化对于维持身体健康至关重要。

➡➡健康饮食模式的“数字化”

一个健康的饮食模式中食物和饮料的种类，以及各自所占的能量比例都处在一个适当的水平。健康的饮食模式中应包括各类蔬菜、水果、谷物、部分乳制品，各种富含蛋白质的食物以及油脂等。同时，健康的饮食模式也应当限制饱和脂肪酸、反式脂肪酸、添加糖和钠的含量。比如，每日从添加糖中摄取的能量少于 10%，每日从饱和脂肪酸中摄取的能量少于 10%，每日钠的摄取量少于 2 300 毫克，等等。人们通过健康的饮食模式来满足自身的营养需求，这些健康饮食模式中的营养成分包含不同的能量，一般来说，每克碳水化合物和蛋白质含 4 千卡能量，1 克脂肪含 9 千卡能量，1 克酒精含 7 千卡能量。在一个适宜的能量水平下，通过摄入不同组和亚组形成的不同类型的食物和饮料，对促进身体健康非常重要。每个组及亚组提供一系列的营养成分，其摄入量与健康密切相关。中国健康饮食模式推荐 2000 千卡能量级的人群每日摄入 250～400 克的谷薯类主食，50～150 克全谷物，300～500 克蔬菜，200～350 克水果，40～75 克畜禽肉，40～50 克蛋类，40～75 克水产品，25～35 克大豆及坚

果，300克奶及奶制品。表1列举了中国成年男性一日膳食计划。

表1　中国成年男性一日膳食计划（适用18岁以上男性轻体力活动水平）

食物和摄入量	谷类及薯类	蔬菜及水果类	鱼禽蛋和瘦肉	乳制品、大豆、坚果	食用油、食盐
重要建议	谷类275克 薯类75克	蔬菜450克 水果300克	畜禽肉75克 水产品75克 蛋类50克	大豆25克 坚果10克 乳制品300克	烹调油25克 食盐5克
早餐	花卷1份（面粉40克，小麦胚粉10克）、白煮蛋1个（鸡蛋40克）、牛奶一杯（200～250克）、拌黄瓜（黄瓜75克）、葡萄（葡萄100克）				
中餐	米饭3份（大米150克）、土豆烧牛肉（土豆100克、牛肉75克）、素三丁（竹笋75克、胡萝卜50克、黄瓜75克）、番茄蛋汤（番茄75克、鸡蛋15克）				
晚餐	杂豆米饭2份（红豆、大豆25克、大米75克）、红烧带鱼（带鱼75克）、白菜烧豆腐（白菜150克、北豆腐150克）、炒西蓝花（西蓝花100克）、香蕉（香蕉200克）				
其他提示	足量饮水，每天7～8杯白开水	如添加糖，最好摄入量少于25克；如饮酒，摄入酒精不要超过15克		吃动平衡，每天至少6 000步或进行30分钟中强度的运动；运动消耗能量至少270千卡	

注：该膳食计划是基于2250千卡能量水平的平衡膳食模式，这个能量需要仅仅是估计值，你需要监测你的体重，判断是否需要调整能量摄入。

➡➡食品营养与检验教育专业人才培养与就业方向

不同的食品营养成分构成了健康的饮食模式，因此，营养成分的鉴定在健康饮食模式的建立和评价中发挥着重要的作用。我国针对食品营养成分鉴定制定了不同的国家标准，而且设置了相关专业，其中食品营养与检验教育专业就是一门较重要的专业。

食品营养与检验教育专业主要通过让学生学习食品科学与工程、食品法规与标准、食品质量管理、食品安全监测的基本知识和技能，使学生接受现代教育理论与实践的初步训练，初步获得从事食品安全与质量控制教学和科研以及指导食品生产的能力。目前，我国已有多所院校开设食品营养与检验教育专业，包括山西师范大学、内蒙古农业大学、河南农业大学、锦州医科大学、黑龙江八一农垦大学、遵义师范学院和吉林工程技术师范学院等。

食品营养与检验教育专业主要学习食品化学、食品工艺学、无机化学、分析化学、食品感光评定、食品病理检验、食品毒理学、食品理化分析、食品微生物检验、食品质量管理、食品包装学等课程。

食品营养与检验教育专业旨在培养具有食品分析检测、营养卫生学、环境与生物科学、管理学的基本理论，具备食品科学与工程和食品质量管理基本知识、基本技能；能运用所学知识解决一定的生产实际问题；能够在中、高等职业学校从事食品安全与质量控制教育教学研究的师资或能在食品原辅料生产、流通和消费领域从事分析检验、质量管理、安全评价、企业管理和科学研究等方面工作的高级技术人才。该专业学生毕业后，可以到全国各级食品卫生监督部门、食品企业、社区的食品营养与安全服务部门、餐饮业及教学、科研等单位从事食品生产、食品营养与安全的管理、公共营养等方面的工作。

民以食为天，食以安为先

呜呼！物固多伪兮知者盖寡，考之不良兮求福得祸。

——柳宗元

▶▶安全性，食品的首要特性

中国人自古就有“民以食为天”的说法，历朝历代要解决的最大问题也就是百姓吃饭的问题，足以见得食品对于国人的重要性。“食以安为先”更是凸显出了食品安全在民生问题中的重要性。然而，从古至今，我国的食品安全问题层出不穷，唐宋八大家之一的柳宗元晚年身体欠佳，医生让他吃茯苓治疗，没想到集市上卖的却是用老

芋头假冒的茯苓。柳宗元进食后病情反而加重，遂怒作《辨茯神文并序》："呜呼！物固多伪兮知者盖寡，考之不良兮求福得祸。"

近年来，苏丹红、吊白块、毒米、毒油、孔雀石绿、瘦肉精、三聚氰胺等事件频发，使得我国乃至全球的食品安全监督管理问题形势十分严峻。日益加剧的环境污染和频繁发生的食品安全事件对人们的健康和生命造成了巨大的威胁，而频频被曝光的校园食品安全问题更是将这一问题推向了高潮，提高食品安全监督管理效能刻不容缓。

➡➡食品安全——关乎国计民生

我们常说"病从口入"，从苏丹红问题的出现，到奶粉、速溶茶化学物质超标，食品安全问题在当代似乎从来没有离我们远去。食品安全问题，尤其是食品中化学物质的超标，已经危及了每个普通消费者的人身健康，由于对正常的消费和生活造成了巨大影响，因此提高食品安全监督管理效能刻不容缓。

食品安全直接关系到广大人民群众的身体健康与生命安全。越来越多的事实证明，食品安全问题对整个社会的食品消费造成一定影响。很多消费者选择购买被虫啃咬过的蔬菜,也有人担心激素而不敢购买光鲜亮丽的水果,其实这些“土方法”都不能从根本上杜绝食品安全危机的发生。如何选择安全、放心的食品,如何保障消费者的健康和安全,尤其是如何防患于未然,成了整个社会关心的问题。只有了解影响食品安全的因素主要有哪些,才能有针对性地去预防和应对。

➡➡食品安全危害知多少

食品安全危害是指潜在损坏或危及食品安全和质量的因子或因素,对人体健康和生命安全造成危害。一旦食品受到这些危害因子的污染,就会成为具有潜在危害的食品。食品安全危害可以发生在食物链的各个环节,通常分为生物性危害因子、化学性危害因子和物理性危害因子三种类型(表2)。

表2　食品主要危害因子

危害因子	类型	污染途径	代表种类
生物性危害因子	细菌	生产过程中的污染,储存及运输过程中的污染,食物自身携带	金黄色葡萄球菌、沙门氏菌、致病性大肠杆菌等
	病毒		甲型肝炎病毒、诺沃克病毒、疯牛病病毒、口蹄疫病毒等

（续表）

危害因子	类型	污染途径	代表种类
生物性危害因子	霉菌	生产过程中的污染，储存及运输过程中的污染，食物自身携带	黄曲霉、杂色曲霉、赭曲霉、橘青霉、禾谷镰刀菌等
	寄生虫		囊尾蚴、肝片形吸虫、弓形体、华支睾吸虫、猫后睾吸虫、姜片虫等
化学性危害因子	农药	农田施用农药对作物直接污染，土壤中沉积农药污染食用作物，生物富集作用，通过气流扩散大气层污染等	有机磷杀虫剂（敌敌畏等） 氨基甲酸酯类农药 拟除虫菊酯类农药 有机砷、有机汞等类农药
	兽药	人为滥用，不遵守休药期规定	抗生素类 生长促进剂类 镇静剂类 抗原虫药/驱肠虫药类
	非法添加剂	人为滥用、误用	工业原料（苏丹红、孔雀石绿等） 违禁药物（盐酸克伦特罗等）
	重金属	环境中的重金属被食用动植物吸收并富集，工业三废和农药化肥造成的污染	无机 Hg、Cd、Pb 等及其有机物
	有机污染物	工业废液导致水源及土壤污染，加工过程和保障材料的污染，加工过程和包装材料的污染	多氯二苯并二噁英、呋喃 稠环化合物（如萘、苯并芘） 多氯联苯等

（续表）

危害因子	类型	污染途径	代表种类
化学性危害因子	生物毒素	生产过程中的污染，储存及运输过程的污染，食物自身的携带	植物毒素（如秋水仙素） 动物毒素（如河豚毒素） 微生物毒素（如黄曲霉毒素）
	加工新生有害物	高温油炸，微生物发酵，化学反应	亚硝胺类 氨基咪啡氮杂芳烃类 氨基咪唑类（α-咔啉、γ-咔啉） 丙烯酰胺、反式脂肪酸
	包装迁移物	食品储存和包装过程中，有害成分可移行到食品中	热塑性塑料和热固性塑料 橡胶材料（丁腈橡胶等） 陶瓷、搪瓷上的釉彩
物理性危害因子	金属、玻璃等	生产过程中的污染，储存及运输过程中的污染，人为滥用、误用	容器，鸟枪子弹、电线、订书钉、建筑材料、灯罩、温度计等

食品从原料、生产加工、贮藏、销售到烹调等各个环节，都有可能因工艺、操作不当或管理不善而使细菌、病毒及寄生虫等生物性危害因子进入食物链。例如，英国疯牛病（1986年），日本牛奶金黄色葡萄球污染事件（2000年），美国“毒菠菜事件”（2006年）和花生酱沙门氏细菌污染事件（2009年），等等。2011年底，美国发生了历史上因食用带有李斯特菌的食品而引发的最严重的食物中毒事件。

美国疾病控制与预防中心资料显示，1999 年在美国密歇根州有 14 人因食用被该菌污染的“热狗”和熟肉而死亡，在另外 22 个州有 97 人患此病，6 名妇女流产。

全世界广泛使用的化学物质有几十万种，化学性污染物的类型一般有农药、兽药、非法添加物、重金属、有机污染物、生物毒素、包材迁移物等。化学性污染可能发生在从食品原料生产、加工、贮藏、运输到消费的任何一个阶段。如在养殖环节，为了提高料肉比，就有人添加重金属等微量元素以及抗生素等。例如，1999 年在比利时等国发生的二噁英污染饲料事件和 2011 年在德国发生的“二噁英毒饲料”，都使得比利时和德国的肉蛋出口受到重创。在运输和储存环节，为了保鲜保活，就需要使用保鲜剂、孔雀石绿及其他多种防腐剂。2011 年，一场塑化剂风波，引发了台湾食品业的“地震”，涉及违法添加邻苯二甲酸二(2-乙基己酯)(塑化剂 DEHP)的厂家有几百余家，包括很多知名企业。从毒理学上，DEHP 可能对人体的生殖系统、免疫系统、消化系统产生危害，如可能损害男性生殖能力，促使女性性早熟，造成儿童性别错乱，长期大量摄取还可能导致肝癌。这让人们意识到知名品牌并不是安全质优的代名词，这些发生在名牌身上的质量问题，反映的不仅是企业管理问题，还有企业良知和社会责任的缺位。

物理性危害是造成食品污染的重要因素，而且时常损及消费者的健康。物理性危害包括碎骨头、碎石头、铁屑、木屑、头发、蟑螂等昆虫的残体、碎玻璃以及其他可见的异物。与化学性危害和生物性危害相比，消费者往往更易发现物理性危害，因而，这也是消费者经常表示不满和投诉的事由。如小麦生产过程中混入了磁性金属物，饮料加工中混入了毛发等。另外，食品在加工的过程中还会受到放射性因素的干扰，且放射性因素的分布十分广泛，存在于大自然的土壤、矿石、天然水中。

➡➡如何筑牢食品安全防线？

✣✣加强对食品科学的基础研究

食品新技术、新资源的应用给我国食品安全科技带来了新的挑战。在社会的发展进步下，国家亟需加大对食品科学研究的投入，加大对各种食品生产的研究，加快打造食品污染物监督网络。在食品生产污染物监督网络的作用下，能够对进出口食品进行全面的分析，对于质量不符合要求的食品会在第一时间对其进行处理。针对大型超市，一些城市还打造了食品安全监控和应急管理系统，在保障城镇居民食品安全方面起到了十分重要的作用。

✣✣做好食品安全重要性的宣传教育

食品安全不仅关系到人们的生命健康，而且影响社会治安。为了减少食品安全问题的发生，需要加大对食品安全的舆论宣传力度，在食品生产的各个环节中都需要操作人员树立正确的食品安全意识，在规范的食品安全监督影响下，减少各个部门的纠纷。

✣✣强化食品安全法律法规的建设

我国虽然有关于食品质量的总体性法规《中华人民共和国食品安全法》、《中华人民共和国产品质量法》和《中华人民共和国农业法》，但仍难以充分满足新形势下消费者对食品安全的要求，而且其相互间协调和配套性也不够，可操作性仍需提高。为了能够增强食品安全，在食品生产管理方面需要打造出更科学的法律法规，在社会范围内广泛宣传食品安全的重要性，对于一些违法生产食品行为要予以相应的惩处。同时，在食品流通的过程中还需要充分发挥出执法监督者的作用，保证其在食品流通的过程中能够严格规范执法。

✣✣培养全民的食品安全意识

培养全民的食品安全意识是解决食品安全问题的重要途径。近些年来，我国食品的种类大量增加，如果新型食品在没有经过危险性评估的前提下，就已经在市场上大量销售，就将带来严重的食品安全隐患。其中方便食品和保健食品的安全性尤其值得关注，这些都给食品安全带来了前所未有的挑战。在社会发展的过程中需要提升人民的经济、文化水平，在经济、文化水平提升的情况下民众能够认识到食品安全管理的重要性，从而切实做好食品安全管理工作。

总之，国以民为本，民以食为天，食以安为先。食品安全，关系到国计民生，责任重于泰山。

▶▶食品的色、香、味，可以言传的秘密

食品除具有安全性外，还应满足人类对营养物质的需求和良好风味的追求。诱人的色泽、扑鼻的香气、唇齿留香的滋味，会使人们在感官上得到享受，刺激人们的食欲。食品的色、香、味是绽放在舌尖上的魔术。那么在色、香、味的背后到底藏着什么样的秘密呢？

➡➡色——五颜六色的密码

当我们站在超市货架前，迟疑到底该拿可口可乐还是百事可乐时，突然有一只无形的手，促使我们只是单纯地用颜色来完成选择，完全抛弃了口感和价格的影响。

又或者，在纠结喝红茶还是绿茶的时候，眼睛在红色和绿色间不停转动，那只无形的手又会出现，瞬间帮助我们做出决定。类似的场景还会发生在餐厅的选择以及菜品的选择上，在点菜的时候，都是鱼肉，你会选择酸菜鱼还是水煮鱼？都是鸡肉，你会选择白斩鸡还是辣子鸡？不管你愿不愿意承认，的确是有一只无形的手，促使我们更快地做出选择。这只无形的手，其实就是我们的心理作用，确切说应该是颜色对人的心理的作用。

我们常说，食物要色、香、味俱全。色是排在第一位的，因为它是我们人类最迅速就能感觉到的东西。有研究指明，食物的色彩对人的食欲具有一定影响。比如，红、黄、橙等暖色调容易提高食欲，而蓝、绿等冷色调则会降低食欲。另外，人们对于味道的感知也会受到颜色的影响。日本有家咖啡厅对 30 位顾客做了如下试验：让每个人喝了完全相同的咖啡，只是杯子的颜色不同。然后，让每位品尝者写下对自己喝的咖啡的评价。结果发现用红色杯子的人，90％感到咖啡味太浓；用咖啡色杯子的人，70％感到太浓；用黄色杯子的人，60％感到浓淡刚好；用蓝色杯子的人，100％觉得味道太淡。从此，这位咖啡厅老板将店里的杯子全部改用红色的。

“赤橙黄绿青蓝紫，谁持彩练当空舞。”自然界中有着五彩缤纷的颜色，不同食物的颜色也各不相同，食物中到底隐藏着什么样的色彩秘密？决定食物不同颜色的化学物质就是色素，如番茄的红色（番茄红素）、胡萝卜的橙色（胡萝卜素）、菠菜的绿色（叶绿素）和蓝莓的紫色（花青素）。令人毫无食欲的白面团和鸭子在进入烤箱后，变成了让人垂涎三尺的面包和烤鸭，这种感觉的差别离不开加工过程中颜色的变化，主要涉及热加工过程中的非酶褐变（焦糖化反应和美拉德反应）。青蓝色的活虾、活蟹经过烹制后变成橙红色，原因就在于虾壳、蟹壳中含有虾青素。在活着的虾蟹体内，虾青素由于结合了蛋白质而呈现青蓝色，一旦加热烹煮，虾蟹中的蛋白质会发生变性，虾青素与蛋白质相分离，虾青素变成游离态，所以显示出其本来的颜色——红色。

食物的颜色多姿多彩，它不仅能客观反映其外观品质（比如新鲜度、成熟度、加工程度等），也能影响人们对食物的选择。正因如此，为使食品拥有亮丽的色彩，更易捕获消费者的心，不同的着色剂应运而生。当然，不管是天然色素还是人工合成色素，只要添加量在相关标准范围内，我们就不需要考虑它们的安全问题。

➡➡香——打开食欲的钥匙

我们经常有这样“悲惨”的体验，本来想着减肥或者去健身房，当你走在马路上，街边突然飘来一股甜点/烧烤/火锅的香气，然后口水和食欲就像潮水一样汹涌澎湃。最后，你情不自禁地就转进了店里，饱餐一顿后，既心满意足又悔恨交加地走出了餐馆。这就是食品香气的魅力，它对于引起食趣、振奋食欲十分重要，所以香气扑鼻是美食不可缺少的条件之一。

香气是醇、酚、醛、酮、酸、酯等类化合物挥发后被人们吸入鼻腔刺激嗅觉神经所反映出来的感觉。英国雷丁大学的一项研究显示，在食品与饮料中含有约 10 000 种不同的挥发性化合物。在咖啡、肉类等工艺复杂的食品中，甚至一款产品就可以含有超过 1 000 种香气化合物。这些香气化合物通过各种复杂的化学反应，给消费者带来不同的体验。香草的香气可以让人感觉心情愉悦，薄荷的香气可以让人感觉神清气爽，烤肉的香气可以让人瞬间感到饥饿……这些一瞬间的感受，最终就能吸引消费者不由自主地做出“购买”的决定。2020 年 10 月，美国荷尔美食品公司就发布了一款带有培根香气的口罩，这款名为“可以吸的培根（Breathable Bacon）”的口罩，使用了特别的香精技术，每深吸一口，都能感受到荷尔美食品公司招牌培根的独特香气。在中国，白酒则是比培根更“香”的存在。很多人都听说过这样一个故事：1915年，万国博览会上，茅台因为包装不佳而几乎无人问津。中国代表情急之下在会场内摔碎了一瓶茅台，顿时酒香扑鼻，惊艳四座，茅台也一举夺得了金奖。尽管这个故事的真实性受到了质疑，但这个“一摔成名”的故事，已经向我们侧面展示了食品香气的魅力。如同当我们买烤羊肉串时，那滋滋的肉香和孜然香，一定是促使我们购买的重要因素。有研究显示，高达81%的消费者表示，相比单纯的“好看”，他们更愿意为既能“看得见”又能“闻得着”的食品买单。

➡➡味——唇齿留香的秘密

味觉是指食物与口腔内分布在舌头、上腭及会厌表面的味觉感受器——味蕾接触后产生的感觉。食物中的各种呈味物质与味蕾内位于味细胞前部的味觉受体结合后产生味觉刺激，味觉刺激经味觉细胞后部连接的味神经传递到大脑，从而形成味觉概念。味蕾感受的基本味是甜、酸、苦、咸、鲜五种原味。也许有人会问：辣味、麻味，还有涩味难道就不是味道吗？实际上，这些味道是由

于这些化学物质刺激了味蕾以外的其他感受器而产生的一种复合感觉。以辣味为例,没有证据表明味蕾细胞上有辣味受体,因此辣味并不是由味蕾而产生的一种味觉,而是由辣味物质刺激体觉神经纤维后在大脑中形成的类似于灼烧的微量刺激的痛觉。在鼻腔中、指甲下,还有伤口等处并不存在味觉感受器,但是这些部位受辣椒刺激后一样可以产生辣的感觉。人在洗辣椒时,手上也会有灼伤的感觉,就是这个道理。中国人还喜欢喝茶,茶叶成分中的单宁酸是一种主要的涩味物质,另外菠菜里也含有一种涩味物质草酸钙。这些涩味物质可以与味觉细胞上的苦味受体相结合,因此喝茶还有吃菠菜的时候可以感觉到苦味。但同时,单宁酸和草酸钙等也可以如辣椒一样刺激触觉细胞产生痛觉,因此与苦味不同,一般认为涩味是包含了苦味以及痛觉的一种广义上的复合味道。

画家根据三原色原理来作画,烹饪师根据五种原味再加上麻辣等风味调料的组合来烹饪出美味的大餐。然而,味觉的组合要比颜色的组合复杂得多,因为烹饪师很早就发现,在烹调时食物的味道并不是几种原味的简单加合,而是表现出相乘、相抵、对比及变味等奇妙的味觉规律。东北有道名菜“小鸡炖蘑菇”,其烹饪技巧就暗合了味觉相乘的原理。鸡肉和蘑菇中都含有鲜味物质,前者为谷氨酸，后者为鸟苷酸钠，但是两者混合时产生的鲜味却是两者简单加合的数十倍，因此小鸡加上蘑菇一起炖就格外鲜美。这种鲜味相乘的现象最早是由日本科学家提出来的，据此他们还发明了以鸟苷酸钠为主体的比味精鲜度强160多倍的强力味精。喝咖啡的时候加糖以减轻苦味则是一种典型的味觉相抵现象，另外常见的还有苦药丸外包裹糖衣，吃西瓜的时候加少量的盐可以让西瓜感觉更甜，则是味觉的对比现象。味觉对比不同于味觉相乘，它常在不同性质的呈味物质相混合时发生。通常来讲，一种呈味物质的存在会降低另外一种物质的味感。比方说，食盐水的表观盐度在有糖存在时会被降低。然而，糖水的表观糖度在低浓度盐存在时被反常地增强了，但在高浓度盐存在时又被降低了。西非有一种叫作“神奇果”的植物，将其果实含在嘴里后再吃柠檬时会发现感觉到的不是酸味，而是甜味，这种现象被称为味觉的变味。还有一种变味现象是使某种味觉感受消失。比如，印度以及热带非洲有一种叫作 *Gymnema sylvestre* 的植物，中文称为匙羹藤，把它的叶子含在嘴里后，再吃东西时会感觉不到蔗糖甜味的存在。

▶▶食无忧，安天下——食品质量与安全

➡➡食品安全，重于泰山

民以食为天，食品是人类生存和发展的最基本物质，我们通过摄取各种食物营养，吸收能量。如果我们使用的食品不安全，则将危害我们的健康，甚至危及我们珍贵的生命。对于食品而言，安全性是最基本的要求，在食品的各要素中，安全是消费者选择食品的首要标准。

相信很多人都喜欢吃羊肉串，肉质鲜嫩的羊肉加上美味的调料，在炭火上滋滋烧烤，不一会冒着热气的羊油就会滴下来，肉串由红色慢慢被烤成金黄色，十分诱人，香气十足的烤串味道瞬间就弥漫了整个房间，吃着烤串喝着饮料，好不快意。可如果你知道你所吃的羊肉使用了瘦肉精还会快乐吗？瘦肉精是阻止动物脂肪生长，刺激瘦肉增长的一类药物，早就被明令禁止使用。瘦肉精有很多危害，人们食用了含瘦肉精的肉类后，轻者会出现恶心、头晕、四肢无力、双手颤抖等中毒的症状，重者可能出现更严重的症状，比如肌肉震颤、心慌、呕吐等，如果本身患有心脏病等疾病，甚至可能导致死亡。多么可怕！本来的美味变成了毒药，谁还敢吃？食品中的不安全因素，又何止瘦肉精呢？之前报道的苏丹红、吊白块、毒米、毒油、孔雀石绿、三聚氰胺以及毒薯条和牛肉膏等事件，表明我国乃至全球的食品安全形势十分严峻。食品安全事件给人类生命和健康带来了巨大的威胁，并已成为人们关注的热点问题。

食品安全，重于泰山。食品安全是我们健康生活、美好生活的基本前提。没有食品安全，就没有健康饮食；没有健康饮食，就没有健康生命，也就没有幸福生活。食品安全甚至会影响社会安全和国家安全。

➡➡食无忧的保护伞

新形势下，人民日益增长的美好生活需要对加强食品安全工作提出了新的、更高的要求，必须据此进行改革创新。现如今，世界食品安全的主要问题表现为增长快、问题多、变化新，中国食品安全的总体形势是良好的，质量安全水平不断提高，但部分领域形势依旧严峻，新的问题层出不穷，食品安全风险治理任务依旧艰巨。食品质量与安全关系到人民群众的身体健康、生命安全及社会经济。我国食品行业在原料供给、生产环境、加工、包装、储存、运输及销售等环节的质量安全管理，都存在不适应性。因此，食品质量安全涉及千家万户，是老百姓生存最

基本的要求，食品质量安全没有保证，人民群众的身体健康和生命安全就没有保证。

食品质量与安全是以生命科学和食品科学为基础，研究食品的质量、安全与健康的关系，涉及食品质量的保障和食品安全卫生质量管理的学科。目前，全国已有上百所院校开设食品质量与安全专业，包括：江南大学、中国农业大学、华南理工大学、大连工业大学、南昌大学、华中农业大学、南京农业大学、西北农林科技大学、江苏大学、北京工商大学等。因此，中国大力发展食品专业高等教育，培养该行业科技人才已是形势所迫。

➡➡食品质量与安全专业人才培养与就业方向

食品质量与安全专业的学生主要学习生物化学和食品工程学的基本理论和基本知识，系统进行有关食品生产技术管理、食品质量检测、工程实践、科学研究与工程设计方法的基本训练，具有对食品生产、管理、工程设计、安全检查、科研与开发的基本能力，是食品生产技术管理、产品加工、工程规划管理等食品质量与安全方面的应用型人才。

本专业主修的课程有有机化学、无机化学、分析化学、生物化学、仪器分析、食品试验设计与统计分析、食品标准与法规、食品企业管理、食品环境学、食品品质控制学、食品添加剂学、动物性食品卫生学检验、食品理化检验等课程。

未来人们对生活质量、饮食和食品的要求越来越高，食品行业对于各种专业人才的需求一直是稳定上升的，人口的增长和新食品的开发都为增加就业提供了机会，所以食品质量与安全专业就业前景十分乐观。

▶▶食品安全重于泰山——食品安全与检测

➡➡民以食为天，食以安为先

食品安全非常重要，关系到每一个人的生命健康，是社会最关心的问题之一，也是重要的民生问题。党中央、国务院高度重视食品安全工作，十九大报告明确提出实施食品安全战略，要求把食品安全工作放在“五位一体”总体布局和“四个全面”战略布局中统筹谋划部署，切实保障人民群众身体健康和生命安全。目前，食品质量安全形势严峻，导致食品质量安全的风险因素复杂多变，如各级食品安全监管部门监管能力还存在不足，人力资源、技术支撑、经费支持不能保障监管工作需要，食品行业产业化、规模化程度不高，等等。保障食品安全形势迫切，

尤其是在贸易全球化的今天，任何一个国家在食品质量安全保障方面都不能独善其身。跨境电商、“互联网＋”消费模式等新业态，给质量安全控制与监管带来了新的挑战。目前，中国食品工业已进入以“安全与健康”为导向的深度转型期，仍面临不少困难和挑战，形势依然复杂严峻。作为发展中国家，我国在生态环境、产业基础、监管能力等条件制约下，食品安全中的“存量”问题尚未化解，伴随食品创新浪潮，新问题又大量涌现。实现食品安全从“被动应对”向“主动保障”的转变，实现从农田到餐桌的全覆盖监管，确保和推动食品相关产业健康和快速发展，都离不开食品安全与检测专业人才的努力。

➡➡守护食品安全的“火眼金睛”

食品安全与检测专业人才是保障食品安全的“火眼金睛”，帮助我们拨开迷雾，看清食品中的危害因素。工欲善其事，必先利其器。让我们一起了解一下打造食品安全与检测专业“火眼金睛”的秘密武器吧！

以色谱技术为核心的现代分析技术就是打造这双“火眼金睛”的“炼丹炉”。气相色谱-质谱联用技术与液相色谱-质谱技术应用广泛，前者用于有机物的定性与定量分析，后者通常用于极性较大、热稳定性强、难挥发的样品分析，其检测限可达 0.1 纳克每毫升，也就是说 1 吨食品中有十分之一克的危害物即可被检测出来。光谱分析法是食品中危害物检测的“照妖镜”，是利用物质发射、吸收电磁辐射以及物质与电磁辐射的相互作用而建立起来的一种方法，是通过辐射能与物质组成和结构之间的内在联系及表现形式，以光谱测量为基础形成的方法。光谱分析过程中，通常不会破坏待测物质原有的形态，是一种无损的检测技术，具有分析成本低、检测速度快等优点。生物检测技术近年来飞速发展，是食品安全与检测中的“七十二变”。由于食品原料的本源是动物或植物，因此利用生物材料与食品中化学物质相互作用，即可达到检测目的的生物技术，在食品安全与检验中发挥出巨大的应用潜力。生物技术具有有特异性生物识别功能，选择性高，结果精确、灵敏、专一，微量和快速等优点。

➡➡食品安全与检测专业人才培养与就业方向

食品安全与检测专业以国内外现行的食品安全质量管理的政策法规和技术管理体系为指导，以理化分析检验技术、食源性致病菌检验技术、现代仪器分析、转基因食品的检测等实验技术方法为手段，研究食品在生产、贮藏、流通、销售过程中的安全与质量问题，培养具有扎实的食品安全与检测理论基础、熟练的食品安全与检测实

践技能、严密的整合思维能力、良好的职业能力与职业素养、国际化视野的创新型高素质人才。

食品安全与检测专业主要课程有食品资源学、微生物学、现代分子生物学、生物信息学、无机化学、分析化学、有机化学和生物化学、食品微生物检验、食品理化检验、食品营养学、食品工程学、食品感官鉴评、食品质量与安全管理等。

在实现“乡村振兴”和“两个百年”宏伟蓝图的征程中，对于食品安全与检测专业人才的需求非常迫切，毕业生不仅可以在疾病预防与控制、卫生系统、进出口商品检验、海关、质量监督与检验等机构从事食品质量安全管理、分析检测、动物检验检疫等技术工作，还能在食品企业、餐饮业、商超企业、农业企业从事产品质量与安全控制、质量检测、质量管理、质量认证等技术工作，也能在高等院校、科研机构从事科研与教学工作，就业领域十分广泛。

特殊食品，是食品不是药品

所食之味，有与病相宜，有与身为害。若得宜则宜体，害则成疾。

——张仲景

▶▶保健食品，不要雾里看花

中国人的养生保健，可以说有着非常悠久的历史。从古至今，我国人民对养生保健的热情从未消减。慈禧太后曾患了一场大病，没有食欲，太医们给她开了很多方子，也都没有显著效果。这时有人提议向一位老方丈求医，老方丈进献了亲自制作的小圆饼。慈禧太后连吃三个后便觉得神清气爽，几天之后，疾病一扫而光。随后慈禧太后向老方丈请教小圆饼的奥秘。老方丈说："人生在

世不求仙，五谷百草保平安。此饼乃是茯苓所制，名曰'茯苓饼'，有养生健身奇效。"慈禧限令御医和御膳房的厨师制作"茯苓饼"。慈禧太后之所以如此喜爱茯苓，确是由于其养生保健的功效。茯苓中含有丰富的麦角甾醇、茯苓酸、卵磷脂等，不仅能够提高人体免疫力，还有较强的抗癌作用。茯苓味甘性平，具有利水渗湿、益脾和胃、宁心安神的功效，对脾虚、失眠、心悸、水肿等症有较好的效果，对女性和老年人有较好的滋补功效。据说，我国著名的宋代诗人苏辙少年多病，脾胃常常感到不适，中年后通过食用茯苓，让身体状况有了很大的改善。可见，从古代开始，人们就一直在追求着养生保健。

普通百姓虽食用不起名贵食材，但也有他们自己的养生之道，芝麻就是养生佳品之一。据《后汉书》记载，食用芝麻能够"日少壮，色如桃花，日能行三百里，走及獐鹿。"《本草纲目》中也记载："刘、阮入天台，遇仙女，食胡麻饮。亦以胡麻同米作饭，为仙家食品矣。"其中的"胡麻"就是芝麻。这些保健养生、延年益寿之物及配方就是早期保健品的雏形。

我国真正意义上的保健食品出现于 20 世纪 80 年代。在改革开放的带动下，人民的生活水平不断提高，消费观念已经由吃得饱、吃得好，转变为吃得健康、吃得长寿。越来越多的消费者关注身体的健康,“食补”成了潮流。然而近年来保健食品市场乱象丛生,国家因此对保健食品进行了严格界定,并出台了《食品安全国家标准 保健食品》(GB 16740—2014)等一系列法律法规规范化管理保健食品。目前的保健食品从严格意义上讲,就是具有特定的保健功能的一类食品,这类食品能够补充维生素、矿物质等营养元素,在外包装及说明书中或显著或隐秘地标示着“供特定人群食用”“调节机体功能”“不具备疾病治疗功效”等。目前我国认可及批准的保健功能有“27+1”种,其中“+1”种为营养素补充剂。对于消费者而言,挑选保健食品不必雾里看花,最简单有效的方法就是认准保健食品的唯一官方标志“蓝帽子标志”,如图 18 所示。

图 18 国家市场监督管理总局批准的保健食品标志“蓝帽子标志”

▶▶特殊医学用途配方食品，特定人群的新食谱

早在汉代著名医学家张仲景所著的《金匮要略》中就写道："所食之味，有与病相宜，有与身为害。若得宜则宜体，害则成疾。"这句话的意思就是在患病时，应对饮食有所选择，由于所患疾病或症状不同，因此对应的饮食宜忌也不一样。在患者及家属还在苦思冥想如何才能让患者获得适合自己疾病的饮食的时候，一类具有特殊医学用途的配方食品已悄然诞生。

中国早有"医食同源，药食同根"一说，足以证明饮食的重要性。事实上，适用于特定人群的饮食自古以来就被医者、研究者所关注，但真正意义上的特殊医疗用途配方食品（简称为特医食品）是 20 世纪 80 年代末才问世的，并且此类食品开始在欧美国家得到广泛应用，在临床辅助治疗领域占据了重要地位。特医食品本身并不具备治疗的功效，仅能通过营养支持辅助治疗，与药品有本质上的区别。与传统采用静脉营养补充的方式相比，以特医食品为营养补充的方式减少了穿刺及插管所带来的伤害，降低了感染的风险，并且可以大大缩短住院时间，直接减轻了患者在金钱方面的困难。根据调查，在欧盟，自开始使用特医食品以来，平均每年为患者减少了 12％的住院费用，甚至每 12 位患者中就减少了 1 位患者的死亡。

中国是糖尿病患者较多的国家，患病率高达 11.6%。早在一千多年前，唐代著名诗人杜甫就多次在诗中表现出自己患了消渴症，也就是如今的糖尿病。从“我多长卿病”到“病渴三更回白首”，再到“我虽消渴甚，敢忘帝力勤”，杜甫在病中仍时时关心政局和百姓。除了药物治疗外，从饮食角度辅助治疗对糖尿病患者来说更是重要一环，但这样一位大诗人，在当时却为疾病所困，受尽苦楚。而现在，针对糖尿病患者所研制的特医食品是市面上最常见的特医食品种类之一，更切合糖尿病患者的营养需求。目前市面上除了常见的供糖尿病患者食用的低糖麦片、饼干和代餐粥以外，还有低 GI（生糖指数）的月饼、面条和纤维红茶等产品，可谓是花样繁多，极大地满足了糖尿病患者对“吃”的向往。除了面向糖尿病患者的特医食品外，目前常见的特医食品还包括针对创伤、感染、手术、呼吸系统疾病、肾病、肌肉衰减综合征、炎性肠病、食物蛋白质过敏、难治性癫痫、胃肠道吸收障碍、胰腺炎、脂肪酸代谢异常、肥胖、减脂手术等治疗和康复的食品。

我国对特医食品有需求的人群数目相当庞大，然而国内具有生产资格和技术手段的公司数量有限，因此在

过去一段时间内，外国食品占据着大半的国内市场，特医食品常常处于价高货少、供不应求的局面。如今，越来越多的科研人员、营养学家及相关从业者开始重视特医食品的开发与应用。相信在不远的将来，我国的特医食品一定会呈现出百花齐放的盛态。

▶▶婴幼儿配方食品，助力宝宝成长

母乳喂养是人类喂养婴幼儿的本能方式，但工业化文明下，人们生活节奏的加快与消费观念的改变，导致母乳喂养率呈现全球走低的趋势，与之形成鲜明对比的是配方奶粉行业的日益壮大。1851 年，世界上第一个带有软木塞和象牙针的现代奶瓶被法国人发明出来，其后不久，著名的有机化学家李比希利用其在化学领域的所长，配制了第一种商业婴儿配方奶粉，俗称“婴儿汤”，其中包括牛奶、小麦、麦芽粉和少许碳酸氢钾，并于不久后被认为是理想的婴儿食品。

首个具有真正意义上的婴幼儿配方食品的出现是在 1915 年的美国市场。美国学者格斯滕伯格(Gerstenberger)及其伙伴在脱脂乳中添加动物脂肪以及植物油，得到了一款可以替代母乳的配方食品，并在当时成功喂养了 300 名婴儿。此配方被取名为“Synthetic

Milk Adapted”(SMA)。尽管我国相关研究稍有滞后，但中国医学科学院卫生研究所于1954年利用大豆粉、蛋黄粉、大米粉、植物油、大豆蛋白和蔗糖，推出了一种名为“5410”的婴幼儿配方食品，并在当时使得100名婴儿正常成长。1979年，我国不断推陈出新，黑龙江省乳品工业研究所利用牛乳、蔗糖、豆浆和饴糖，使得另一种著名的“婴儿配方乳粉Ⅰ”婴幼儿配方食品得以问世。1985年，该研究所在“婴儿配方乳粉Ⅰ”的基础上，对配方做出调整，并将其更新为“婴儿配方乳粉Ⅱ”。由此我国婴幼儿配方食品开始正式得以发展。

所谓婴幼儿配方食品，是指可以代替母乳的一种食品，其配方需要尽可能与母乳的营养成分相似，以保证0～12月龄婴幼儿营养的需要。然而目前仍有绝大多数人，一提到婴幼儿配方食品，能联想到的仅仅是牛奶粉和羊奶粉，殊不知婴幼儿配方食品并非如此单调。现有的婴幼儿配方食品主要分为以乳为基础的配方、以大豆为基础的配方以及特殊配方食品。为了适应婴幼儿不断变化的需求，原中华人民共和国卫生部发布了《食品安全国家标准 婴儿配方食品》(GB 10765—2010)。

如今，琳琅满目的婴幼儿配方食品逐渐活跃于各大商超，成功替代了20世纪的婴儿辅食。婴幼儿配方食品

越来越受到大家的重视。至今仍有大量的人才在不断将其推陈出新。相信未来会有更多婴幼儿配方食品得以问世,从而更好地助力宝宝的成长。

▶▶其他特殊食品,关爱生命健康

健康是立身之本,全民健康是立国之基。近年来,随着人们对自身健康的关注,一些以提升健康水平为消费需求的特殊食品得到显著发展。特殊食品是一个“大家庭”,其中老年食品和运动食品较为常见。

古人云“药补不如食补”,就是指食补可以发挥药补达不到的作用。在我国,通过调整老年人的饮食来作为老年人的养生手段有着悠久的历史。唐代名医孙思邈不仅是伟大的医药学家,还是我国历史上著名的老方丈,他非常重视老年期的保健,而且对食养颇有研究。他认为“食能排邪而安脏腑”,并在《养老食疗》中记载了很多养老食疗方,对我国老年食疗的发展做出了不可比拟的贡献。人在步入老年后,身体各项机能大不如前,因此老年人的饮食除了要注重补充营养元素外,更要注重易食。很少有人知道,宋代大诗人陆游其实还是一位精通烹饪的专家,他在专作《食粥》中写道:“世人个个学长年,不悟长年在目前,我得宛丘平易法,只将食粥致神仙。”在平均寿命不足 50 岁的南宋,陆游竟可活到 85 岁,可见其食粥的补养之效。伴随着《老年人膳食指导》(WS/T 556—2017)、《老年人营养不良风险评估》(WS/T 552—2017)和《适老营养配方食品通则》(T/CGSS 004—2019)等一系列相关标准颁布,近年来市面上的老年食品也可谓层出不穷,各式各样的乳粉、芝麻糊、糕点、藕粉、饼干等老年食品可谓花样繁多,其中一些老年高钙奶粉以及老年营养奶粉更是备受消费者的青睐。

马拉松是一项比拼耐力的运动,现在的赛道两边每隔几百米就会有运动员补给站,然而在 20 世纪 60 年代以前,人们在跑马拉松的过程中却不喝任何东西,这是因为那时的运动员都不了解补水的重要性。佛罗里达大学某橄榄球教练就曾向一位医学博士求教,如何才能提高选手们在夏天的运动状态,这位医学博士给出的建议是让选手们喝上一杯含有蔗糖、葡萄糖、钠、钾和磷酸盐的鸡尾酒。虽然鸡尾酒听上去有些不太靠谱,但这确实就是运动饮料的鼻祖。这位博士和他的团队在后续的研究过程中发现,水、果糖、柠檬酸钠和钾组合在一起可以很好地保护肾脏免受脱水症状的影响。可并不是所有运动都能像马拉松一样为选手们提供补给站,不便携带的运动饮料还是无法满足更多项目的运动员。因此,20 世纪

70年代末，开始有选手携带便携式碳水化合物来维持比赛后程的血糖水平，这种由燕麦麸、糖和蛋白质组成的便携式补给品就是能量棒的前身。作为一种为体育运动人群制定的特殊膳食食品，运动食品的起源其实算比较早的。尽管我国运动食品的开发相对于国外起步有些晚，但是继北京奥运会成功举办以后，运动营养食品在我国掀起了一片热潮，各式各样的代餐粉、代餐棒、能量棒、运动饮料以及蛋白粉等在市面上随处可见。如今，运动食品的受众者也不仅限于运动员，从室外体力劳动者到办公室白领，都成了各大品牌的客户。

营养、健康、多元化发展的特殊食品致力于改善人民生活水平，提升人民生活质量。随着人民生活需求日益提升，我国特殊食品的市场也在不断扩大。在做好监管的前提下，我国特殊食品产业定会迎来它的春天。

结束语——春华秋实，一路有你

梅雨季节里，莘莘学子挥别高中生活，来到人生的十字路口，开始思考去路的方向，而此刻的选择尤为重要。眼过风云千樯，青春，有诗也要有远方。

食品是维持人类生存必不可少的要素。人类从远古时代的茹毛饮血，到学会用火加工食物，再到现代社会美酒佳肴、山珍海味，这不仅仅是时间的流逝，同样是文明与科学的前进。孔子时代，箪食瓢饮亦可不改其乐，到如今我们更加需要从日常饮食中获得健康。

食不厌精，脍不厌细。如何能够更加详细地了解我们的饮食？食品科学与工程就是这样一门核心、实用和具有创造性的科学。它涵盖了化学、生物学、微生物学、

营养学、工程设计等多门学科的内容，而在新的时代，其更加详细地衍生出食品质量与安全、粮食工程、乳品工程、酿酒工程、葡萄与葡萄酒工程、食品营养与检验教育、烹饪与营养教育、食品安全与检测、食品营养与健康、食用菌科学与工程、白酒酿造工程等专业，也将为食品科学增添更丰富的内涵，为食品行业从研究、设计、生产、管理和新产品开发各方面提供更加专业的引领和指导，对于有志于为人类社会发展和进步在科学与技术领域工作的年轻一代，具有极大的吸引力。在中国食品工业漫长的成长道路上，仍然需要一大批优秀的食品科技工作者，实践将科技与现实需求对接，完成一项又一项科研成果，破解一个又一个难题，实现自身价值的升华，提升中国食品工业的整体水平。

走进食品，未来的您，究竟会是什么样子呢？您可能会是一名潜精研思的科研人，从宏观到微观，提取精华，解锁食品“密码”，开拓食品界的新大陆；您可能会是一名一丝不苟的质检员，从境外到境内，朝督暮责，把控中国食品质量安全，让国民安心落意；您可能会是一名精耕细作的农学者，像袁隆平爷爷一样，带着“刚果布”的笑容，播种智慧，播种希望，播种中国粮食的未来；您可能会是一名乳品工程师，从一杯牛奶，养成一种习惯，到壮大一个民族，发挥潜移默化的力量；您可能会是一名酿酒工程师，“开轩面场圃，把酒话桑麻”，传承华夏千年酒文化，青出于蓝而胜于蓝；您可能会是一名葡萄园庄主，从“西园晚霁浮嫩凉，开尊漫摘葡萄尝”，到“几回兀坐穹庐下，赖有葡萄酒熟初”；您可能是一名心灵手巧的烹饪师，“一人巧做千人食，五味调和百味香”，一双巧手演绎五彩斑斓，人生百态；您可能会是一名“精打细算”的营养师，用双手衡量起一日三餐的“卡路里”，搭建一座座健康的美食宝塔；您可能是一名探索者，发现每一个微生物背后的美味和密码，与“菌”相伴，共赏美味佳肴；您可能是当代杜康，“携壶酌流霞，窥觞照欢颜”，酿造属于您的佳酿。

希望初入大学的您，有匪君子，如切如磋，如琢如磨；希望步入社会的您，有匪君子，如金如锡，如圭如璧。

参考文献

[1] 张国华. 食品和食物到底有什么不同？[N]. 北京青年报,2018-09-19(B07).

[2] 何国庆. 食品发酵与酿造工艺学[M]. 北京：中国农业出版社,2001.

[3] 钟秋平,周文化,傅力. 食品保藏原理[M]. 北京：中国计量出版社,2010.

[4] 谢宇. 饮食的变革——食品加工[M]. 南昌：百花洲文艺出版社,2010.

[5] 范士忠. 未来食品按分子烹饪[J]. 东方食疗与保健,2008,10：9.

[6] 马云烨. 解决粮食短缺的新思路未来,人类都得吃人造食物[J]. 世界博览,2017,22：56-57.

[7] 刘倩楠,张春江,张良,等. 食品3D打印技术的发展现状[J]. 农业工程学报,2018,34: 265-273.

[8] 张宇,陈靓,蔡东联,等. “人造肉”解谜[J]. 家庭医药,2011,06: 10-13.

[9] 孙健平,姜子涛,李荣. 纳米微胶囊技术及其在食品中的应用[J]. 食品研究与开发,2010,31: 184-187.

[10] 刘振江,相静波. 昆虫食品的开发与应用前景[J]. 安徽农业科学,2005,09: 168-169+215.

[11] 袁秀芬. 大有发展前途的昆虫食品[J]. 东方食疗与保健,2012,12: 30-31.

[12] 曹国超. 3D打印技术在我国食品加工行业中的应用与发展前景分析[J]. 现代食品,2020,15: 114-116.

[13] 卢蓉蓉,张文斌,夏书芹. 食品科学导论[M]. 北京: 化学工业出版社,2008.

[14] 刘学文. 食品科学与工程导论[M]. 北京: 化学工业出版社,2007.

[15] 金征宇,江波,杨瑞金. 食品科学: 学科基础与进展[M]. 北京: 科学出版社,2010.

[16] 中国食品发酵工业研究院,中国海城工程科技股份有限公司,江南大学. 食品工程全书:第一卷食

品工程[M]. 北京：中国轻工业出版社，2008.

[17] 中国食品发酵工业研究院，中国海城工程科技股份有限公司，江南大学. 食品工程全书：第二卷食品过程工程[M]. 北京：中国轻工业出版社，2004.

[18] 杰弗里·坎贝尔-普拉特. 食品科学与工程导论[M]. 北京：中国轻工业出版社，2018.

[19] 谢岩黎. 现代食品工程技术[M]. 郑州：郑州大学出版社，2011.

[20] 朱蓓薇，董秀萍. 水产品加工学[M]. 北京：化学工业出版社，2019.

[21] 石彦国. 食品原料学[M]. 北京：科学出版社，2016.

[22] 朱蓓薇，张敏. 食品工艺学[M]. 北京：科学出版社，2015.

[23] 杨月欣，葛可佑. 中国营养科学全书[M]. 北京：人民卫生出版社，2019.

[24] 孙远明，柳春红. 食品营养学[M]. 北京：中国农业大学出版社，2019.

[25] 马瑞霞，王景顺. 食用菌栽培学[M]. 北京：中国轻工业出版社，2017.

[26] 苏爱梅，孙健，食品营养与健康[M]. 北京：中国质检出版社，2013.

[27] 陈企村. 我国有机谷类作物产品质量特性的分析[J]. 中国标准化,2020,(08):132-135.

[28] 王宠,蔡健灵,焦玲,等. 豆类食品的合理食用研究[J]. 粮食科技与经济,2020,45(04):127-129.

[29] 杨小雪,王丽丽,丁岚,等. 加工方式对红小豆粉理化性质及预估血糖生成指数的影响[J]. 中国粮油学报,2021,36(01):33-38.

[30] 张靖杰,国鸽,李鹏高. 薯类蛋白对人体健康的影响及作用机制研究进展[J]. 食品安全质量检测学报,2017,8(07):2575-2580.

[31] 贾士儒. 中国传统发酵食品地图[M]. 北京:中国轻工业出版社,2018.

[32] 张红,施彤,索静仪. 浅谈中国酒文化[J]. 青年文学家,2018,(6):177.

[33] 孙宝国. 国酒[M]. 北京:化工工业出版社,2020.

[34] 张文学. 中国酒概述[M]. 北京:化工工业出版社,2011.

[35] 岳春. 食品发酵技术[M]. 北京:化工工业出版社,2010.

[36] 毕云霞. 葡萄酒的起源[J]. 侨园,2011,(10):66.

[37] 陶洁,邹凤. 食品安全检测中关于微生物快速检测方法的浅析[J]. 食品安全导刊,2021,(09):32-34.

[38] 杨凤. 探析我国食品检测技术发展现状与展望[J]. 食品安全导刊,2021,(09):156-157.

[39] 王远卓,符强. 微生物检测技术在食品安全检测中的应用[J]. 食品安全导刊,2021,(09):163-165.

[40] 刘岩莲,影响食品色、香、味的物质[J]. 现代食品,2017,(09):15-17.

[41] 黄梅丽,王俊卿,食品色香味化学[M]. 北京:中国轻工业出版社,2008.

[42] 张丽霞,王学松. 胶体金免疫层析技术在食品安全检测中的应用[J]. 广东化工,2021,48(01):180-181.

[43] 孙娜,郭奕含,岳阳,等. 食品安全现状及食品检测的发展方向探究[J]. 食品安全导刊,2019,(33):63.

[44] 玛丽克莱尔弗雷德里克著. 不生不熟:发酵食物的文明史[M]. 冷碧莹,译. 上海:生活·读书·新知三联书店,2020.

[45] 桑多尔卡茨著. 发酵圣经[M]. 王秉慧,译. 北京:中信出版社,2020.

“走进大学”丛书拟出版书目

什么是机械？ **邓宗全** 中国工程院院士
哈尔滨工业大学机电工程学院教授(作序)
王德伦 大连理工大学机械工程学院教授
全国机械原理教学研究会理事长
什么是材料？ **赵　杰** 大连理工大学材料科学与工程学院教授
宝钢教育奖优秀教师奖获得者
什么是能源动力？
尹洪超 大连理工大学能源与动力学院教授
什么是电气？ **王淑娟** 哈尔滨工业大学电气工程及自动化学院院长、教授
国家级教学名师
聂秋月 哈尔滨工业大学电气工程及自动化学院副院长、教授
什么是电子信息？
殷福亮 大连理工大学控制科学与工程学院教授
入选教育部“跨世纪优秀人才支持计划”
什么是自动化？ **王　伟** 大连理工大学控制科学与工程学院教授
国家杰出青年科学基金获得者(主审)
王宏伟 大连理工大学控制科学与工程学院教授
王　东 大连理工大学控制科学与工程学院教授
夏　浩 大连理工大学控制科学与工程学院院长、教授
什么是计算机？ **嵩　天** 北京理工大学网络空间安全学院副院长、教授
北京市青年教学名师
什么是土木工程？ **李宏男** 大连理工大学土木工程学院教授
教育部“长江学者”特聘教授
国家杰出青年科学基金获得者
国家级有突出贡献的中青年科技专家

什么是水利？　张　弛　大连理工大学建设工程学部部长、教授
教育部“长江学者”特聘教授
国家杰出青年科学基金获得者

什么是化学工程？
贺高红　大连理工大学化工学院教授
教育部“长江学者”特聘教授
国家杰出青年科学基金获得者
李祥村　大连理工大学化工学院副教授

什么是地质？　殷长春　吉林大学地球探测科学与技术学院教授(作序)
曾　勇　中国矿业大学资源与地球科学学院教授
首届国家级普通高校教学名师
刘志新　中国矿业大学资源与地球科学学院副院长、教授

什么是矿业？　万志军　中国矿业大学矿业工程学院副院长、教授
入选教育部“新世纪优秀人才支持计划”

什么是纺织？　伏广伟　中国纺织工程学会理事长(作序)
郑来久　大连工业大学纺织与材料工程学院二级教授
中国纺织学术带头人

什么是轻工？　石　碧　中国工程院院士
四川大学轻纺与食品学院教授(作序)
平清伟　大连工业大学轻工与化学工程学院教授

什么是交通运输？
赵胜川　大连理工大学交通运输学院教授
日本东京大学工学部 Fellow

什么是海洋工程？
柳淑学　大连理工大学水利工程学院研究员
入选教育部“新世纪优秀人才支持计划”
李金宣　大连理工大学水利工程学院副教授

什么是航空航天？
万志强　北京航空航天大学航空科学与工程学院副院长、教授
北京市青年教学名师
杨　超　北京航空航天大学航空科学与工程学院教授
入选教育部“新世纪优秀人才支持计划”
北京市教学名师

什么是环境科学与工程？

陈景文 大连理工大学环境学院教授
教育部"长江学者"特聘教授
国家杰出青年科学基金获得者

什么是生物医学工程？

万遂人 东南大学生物科学与医学工程学院教授
中国生物医学工程学会副理事长(作序)

邱天爽 大连理工大学生物医学工程学院教授
宝钢教育奖优秀教师奖获得者

刘　蓉 大连理工大学生物医学工程学院副教授

齐莉萍 大连理工大学生物医学工程学院副教授

什么是食品科学与工程？

朱蓓薇 中国工程院院士
大连工业大学食品学院教授

什么是建筑？ **齐　康** 中国科学院院士
东南大学建筑研究所所长、教授(作序)

唐　建 大连理工大学建筑与艺术学院院长、教授
国家一级注册建筑师

什么是生物工程？

贾凌云 大连理工大学生物工程学院院长、教授
入选教育部"新世纪优秀人才支持计划"

袁文杰 大连理工大学生物工程学院副院长、副教授

什么是农学？ **陈温福** 中国工程院院士
沈阳农业大学农学院教授(作序)

于海秋 沈阳农业大学农学院院长、教授

周宇飞 沈阳农业大学农学院副教授

徐正进 沈阳农业大学农学院教授

什么是医学？ **任守双** 哈尔滨医科大学马克思主义学院教授

什么是数学？ **李海涛** 山东师范大学数学与统计学院教授

赵国栋 山东师范大学数学与统计学院副教授

什么是物理学？ **孙　平** 山东师范大学物理与电子科学学院教授

李　健 山东师范大学物理与电子科学学院教授

什么是化学？	陶胜洋	大连理工大学化工学院副院长、教授
	王玉超	大连理工大学化工学院副教授
	张利静	大连理工大学化工学院副教授
什么是力学？	郭　旭	大连理工大学工程力学系主任、教授
		教育部“长江学者”特聘教授
		国家杰出青年科学基金获得者
	杨迪雄	大连理工大学工程力学系教授
	郑勇刚	大连理工大学工程力学系副主任、教授
什么是心理学？	李　焰	清华大学学生心理发展指导中心主任、教授(主审)
	于　晶	辽宁师范大学教授
什么是哲学？	林德宏	南京大学哲学系教授
		南京大学人文社会科学荣誉资深教授
	刘　鹏	南京大学哲学系副主任、副教授
什么是经济学？	原毅军	大连理工大学经济管理学院教授
什么是社会学？	张建明	中国人民大学党委原常务副书记、教授(作序)
	陈劲松	中国人民大学社会与人口学院教授
	仲婧然	中国人民大学社会与人口学院博士研究生
	陈含章	中国人民大学社会与人口学院硕士研究生
		全国心理咨询师(三级)、全国人力资源师(三级)
什么是民族学？	南文渊	大连民族大学东北少数民族研究院教授
什么是教育学？	孙阳春	大连理工大学高等教育研究院教授
	林　杰	大连理工大学高等教育研究院副教授
什么是新闻传播学？		
	陈力丹	中国人民大学新闻学院荣誉一级教授
		中国社会科学院高级职称评定委员
	陈俊妮	中国民族大学新闻与传播学院副教授
什么是管理学？	齐丽云	大连理工大学经济管理学院副教授
	汪克夷	大连理工大学经济管理学院教授
什么是艺术学？	陈晓春	中国传媒大学艺术研究院教授